原始河川 阿寒摩周の大自然

二日市 壮
藤 泰人

夏の屈斜路湖　吉田聡撮影

屈斜路湖南東部、原始河川はここから流れ出る　吉田聡撮影

冬の原始河川　吉田聡撮影

春の原始河川　吉田聡撮影

Old Town

初夏の原始河川　吉田聡撮影

初夏の原始河川　吉田聡撮影

夏の原始河川　吉田聡撮影

夏の原始河川　鏡の間　吉田聡撮影

秋の原始河川　吉田聡撮影

秋の原始河川　吉田聡撮影

源流部で見ることのできる動物・鳥・魚　吉田聡撮影

エゾリスとエゾモモンガ

エゾリス

エゾリス

オジロワシ

オシドリ（雌）

婚姻色になったヒメマス

オジロワシ

キレンジャク

エゾタヌキ

クマゲラ

ヒメマスをくわえる
キタキツネ

吉田聡撮影

目次

霧氷の釧路川　吉田聡撮影

1　原始河川、釧路川源流

原始河川とは
天然のまま人為の加わらない河川。ダム、堤防、床固め等の工作物が施されていない川。

原始の姿残す釧路川源流部

釧路川の始まり部分、源流部は原始河川である。約3万年前、火山活動によって形成された屈斜路湖から流れ出た姿をそのままに、太古の昔からゆったりと豊かに流れ続ける。人の手がまったく入っていない原始そのままの森林地帯の間を相当な量の水が音もたてずに流れる。大きな木が川に向けて倒れ込んでいる所もある。

釧路川は日本第6位の広さを誇る屈斜路湖から太平洋に向けて流れ出す唯一の河川。1級河川だから源流部は当然、コンクリートで固められているはずだが、そうではない。源流部には堤防もない。154キロ離れた太平洋まで一つのダムもない。それもそのはず、源湖から河口までの高低差はわずか121メートル。ダムを作る川ではない（富山県の常願寺川は河口まで56キロの高低差が約3000メートル、支流を含めダムが8つもある）。

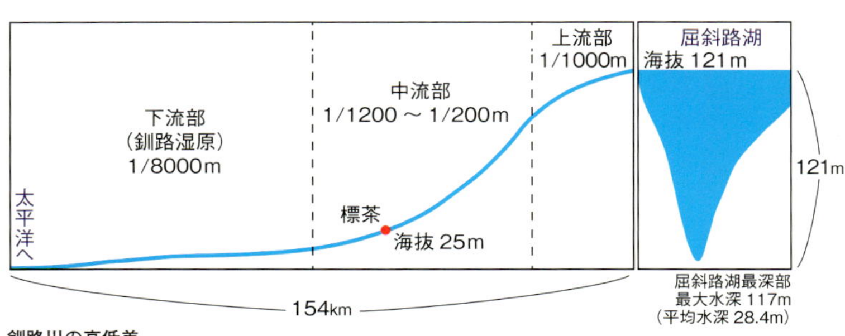

釧路川の高低差

しかし年中水が絶えることはない。屈斜路湖が巨大な水がめだからだ。流れはゆるやか、幅は20～30メートル程度と広くなく、厳しい冬の間も川は凍ることがない。両岸を豊かな緑で覆われた川は、いつもとうとうと静かに流れている。しかも下流では鐺別（とうべつ）川やオソツベツ川など支流の水量も加えて広大な釧路湿原に潤いをもたらしている。そして釧路川は、マリモと神秘の摩周湖をかかえる阿寒摩周と、タンチョウで有名な釧路湿原という二つの国立公園を結ぶ重要な役割を果たしている。標茶（しべちゃ）町五十石付近から下流が釧路湿原となる。湿原に流れ込む川は合わせて36にも達するが、大本となる釧路川本流は、この広大な湿原を悠々と蛇行しながら流れていく。

カヌー下り

釧路川の源流部は高知県の四万十川と並ぶカヌー下りの聖地になっている。パドルを振り回しながら波しぶきを浴びて急流を下る「ラフティング」と違って、釧路川カヌー下りはずいぶんゆったりとしたものだ。いちおう救命胴衣着用、そしてパドルも渡されるが、自分で漕ぐ必要はない。ボートは流れに乗って下り、ところどころで横たわっている倒木にぶつからないように専門のガイドが左右に避けるだけだ。

釧路川への出口付近に現れた屈斜路湖のバイカモ

前日に雨が降らず、太陽の日差しが差し込む日は絶好のカヌー日和。透きとおった浅い川底と泳ぐ魚群が手に取るように見える。

屈斜路湖から太平洋まで、キャンプを張りながらの川下りは3日から4日かかるが、これはたまらなく楽しい。そんなに日にちをかけられないという人たちでにぎわっているのが、源流部「原始河川」カヌー下りで、これを利用する観光客が増えている。

カヌーの出発点

「原始河川」下りの出発点は、釧路川の出発点でもある。屈斜路湖の水が釧路川に流れ込む地点、ここの岸辺から船を出す。

7月、湖面に薄緑の草が一面に広がることがある。きれいな水の中にしか生えない水草のバイカモだ。水深3、4メートルの湖底から上に伸びて湖面に上の部分をのぞかせる。10メートル四方ほどに広がって無数の白い花を咲かせ、波を浴びながら太陽の光を吸収している。バイカモの生命力と屈斜路湖の自然の豊かさを感じさせる光景だ。

釧路川に入って澄んだ水の中に目をこらすと、赤い大きな魚が見えることがある。婚姻色をしたサクラマスらしい。もう少し小さな魚も見える。川底が手に取るようにはっきり見える。川底が白い場所が多い。周りの木々の間から鳥が飛び立つ。魚を捕って食べるカワセミらしい。サギ科の鳥も見える。

鏡の間

源流部下りのカヌーには、川の起点から3キロほど下流のみどり橋までが1時間半ほど、美留和（びるわ）橋までが2時間半前後、さらに下流のレストランまでが約3時間と、3つのコースがある。どのコースを選んでも必ず立ち寄るのが、上流、流れの右手にある小さな湾のような「鏡の間」。ここは周りの地面からきれいな湧き水が湧き出る神聖な場所だ。透き通っ

鏡の間　吉田聡撮影

た川底ではあざやかなバイカモが揺れ、この間を魚が泳ぎまわる。片隅ではカモの親子が餌をついばむ。水温は一年を通じてプラス10度前後、バイカモの間にはクレソンも見える。多くのカヌーが、この鏡の間を一目見ようとやってくる。鏡の間下流の休憩場所では、カヌーマンが、用意したポットから熱いコーヒーや紅茶をカップに注いで、パドルの先に載せて差し出してくれる。これがたまらなく嬉しい。

S字状の蛇行続く秘境部分

美留和橋を少し下ると、札友内(さっともない)から道の駅・摩周温泉にかけてS字状の蛇行が続く。この美羅尾山(びらおさん)付近は屈斜路カルデラの南側外壁を抜け出る部分。車が通る道路からも離れていてまさに秘境。釧路川は、ここで突然気を変えて踊るように曲がりくねる。この区間が一番「原始的」なのだが、カヌーは滅多にここを通らない。カヌーの向きを変えるのに水の中に降りて押さなければならないことが多いからだ。

釧路川は以前、何度か水害があった弟子屈(てしかが)の市街地と標茶(しべちゃ)の市街地では大きく改修され、また釧路湿原では、蛇行、直線化、再び蛇行の工事が行われたが、源流部は原始の姿を残している。釧路川は弟子屈市街地の南で最初の大きな支流の鐺別(とうべつ)川と合流して標茶(しべちゃ)町へと下り、広大な釧路湿原国立公園を潤す大幹線となるが、途中、塘路湖や達古武湖からの水も飲み込んでいく。そして釧路町の岩保木水門からは直線で新釧路川を通って太平洋に出る。この水門から下流の旧・釧路川は今も健在で、湿原の東端を静かに流れていく。この脇をJR釧網線が走り、車窓から湿原の自然を楽しむことができる。

S字状に蛇行する美羅尾山付近の釧路川

船で硫黄運んだ明治時代

源流部付近は、魚が取りやすく生活しやすいことから古代から川沿いに人が住んでいた。1万年前の先土器時代の石の刃が発掘されている。その後もアイヌの人たちが住み続けていた。1877（明治10）年ごろからアトサヌプリ（硫黄山）で硫黄が採掘されるようになると、弟子屈から釧路川を小舟で輸送していた。硫黄鉱山の権利が安田財閥の手に渡ると、安田は硫黄を運ぶために北海道で2番目となる鉄道をアトサヌプリ・標茶間に建設（明治20年）、アメリカから蒸気機関

カヌーの上でコーヒーを楽しむ

車2両を輸入して輸送にあたった。標茶・釧路間は船のままだった。この方法は、硫黄をほぼ取りつくして閉山した1896（明治29）年まで続いた。昭和初期まで、この釧路・標茶間の船は、鉄道の釧網線（せんもうせん）が釧路から内陸部に伸びてくるまでの長い間、入植者たちの貴重な足となった。入植者たちは釧路から標茶までを船で、そこから先は馬の背にゆられて目的地に向かった。

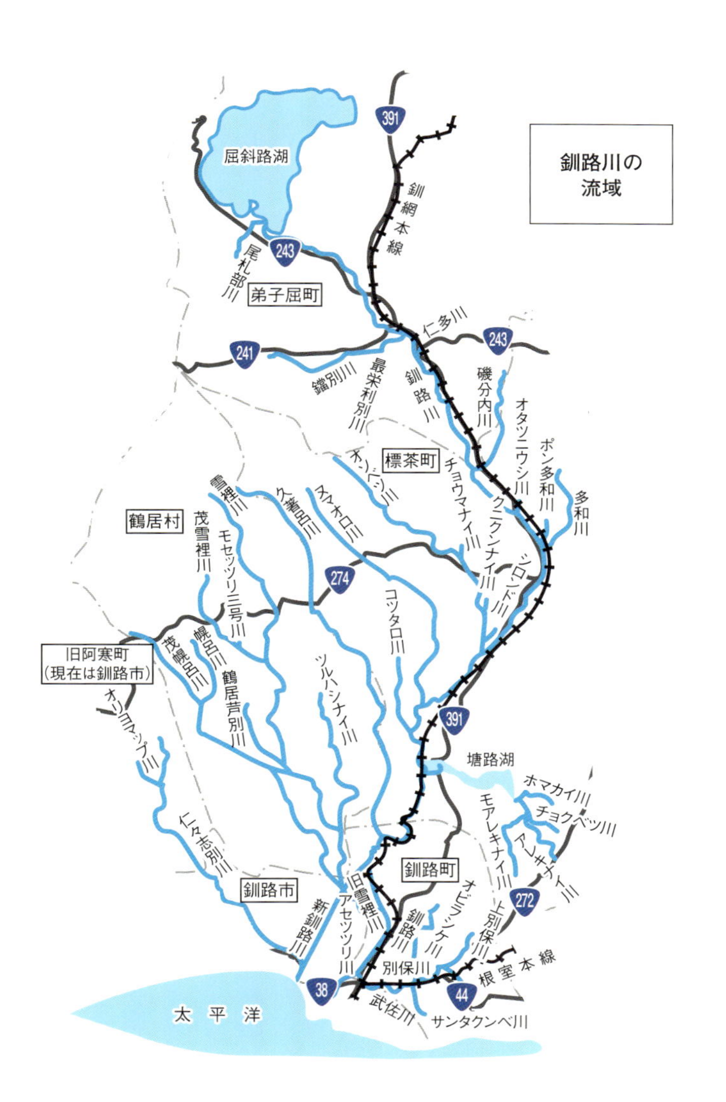
釧路川の
流域
屈斜路湖
尾札部川
弟子屈町
釧網本線
仁多川
鐺別川
最栄利別川
釧路川
磯分内川
オタツニウシ川
ポン多和川
多和川
標茶町
チョウマナイ川
クチョロ川
鶴居村
茂雪裡川
雪裡川
モセッツリ三号川
久著呂川
ヌマオロ川
コッタロ川
シロンド川
旧阿寒町
（現在は釧路市）
茂幌呂川
幌呂川
鶴居芦別川
ツルハシナイ川
オソベツ川
オンネナイ川
オリヨマップ川
仁々志別川
塘路湖
ホマカイ川
チョクベツ川
モアレキナイ川
アレキナイ川
釧路町
釧路市
新釧路川
旧雪裡川
アセッツリ川
釧路川
オビラシケ川
上別保川
別保川
根室本線
武佐川
サンタクンベ川
太平洋

阿寒摩周国立公園とは

２０１７年８月、「阿寒国立公園」は、「阿寒摩周国立公園」となった。阿寒国立公園は１９３４（昭和９）年に誕生した。しかし名称が摩周湖や屈斜路湖の存在を表していないとする地元弟子屈町の長年にわたる主張があって、80年経ってようやく受け入れられた形である。変更と同時に清里町の「神の子池」などが取り込まれた。阿寒摩周国立公園は、特別天然記念物のマリモが育つ阿寒湖をはじめ、霧と透明度で知られる摩周湖、白鳥が泳ぐ広大な屈斜路湖という三つの魅力ある湖と、タンチョウヅルが飛来する釧路湿原に注ぎ込む釧路川の源流を擁している。二つの大きなカルデラがあり、火山を中心とした森と湖の豊かな原生的な景観が保存され、豊富な温泉資源に恵まれている。

本書では、阿寒湖の名前の陰に隠れていたともいえる２つの湖、摩周湖、屈斜路湖、そして釧路川源流をまず紹介し、阿寒湖を含め周辺地域の魅力を改めて伝えたい。そしてまた、「北海道」と名付けられてから１５０年にあたるいま、日本の中で極めて特異な自然環境にある北海道東部「道東」の姿を、写真とこぼれ話で紹介したい。

2 屈斜路湖

屈斜路湖と藻琴山

屈斜路湖は北海道で2番目、日本で6番目に大きな湖だ。屈斜路カルデラの西側の大部分を占めている。摩周湖が湖面への立ち入りが禁止されている「神秘の湖」、「見る湖」なのに対して、屈斜路湖は規制がゆるく中に入ることができる。触れて「楽しむ湖」だ。それなりに規制はあるものの、モーターボートが湖面を疾走し、遊覧船が運行されていたこともある。釣りもできる。また温泉が豊富で、宿泊施設のほかに露天風呂もあちらこちらにある。東岸の砂湯では岸辺の砂を掘れば温泉が湧き出る。

3 月　藻琴山の上を飛ぶオオハクチョウ

２月　朝霧の中から現れるオオハクチョウ

屈斜路湖南岸の和琴（わこと）半島は、豊かな森やオヤコツ地獄を見ながら歩いて一周することができる。砂湯と和琴半島は観光地として人気がある。

冬、凍った湖の上をシベリヤから渡ってきたオオハクチョウの群れが飛ぶ。オホーツク海に流氷が流れ着くと、冷たい北風が入って湖の氷は分厚くなり、御神渡り（おみわたり）が出現する。昼と夜の気温差で湖面の氷に亀裂や膨張が起こって上に高く盛り上がり帯状に連なる。ここ屈斜路湖では日本で最大の御神渡りを見ることができる。

温泉は東岸北部から順に仁伏（にぶし）、砂湯、池の湯、コタン（古丹）、南岸にまわって三香（さんこう）、和琴、屈斜路と続く。

地形と水質

屈斜路湖の周囲57キロを車で一周する道路はない。北東部の3キロあまりが途切れている。歩いて一周することはできるがヒグマに注意しなければならない。

湖はそれほど深くはない。北部の仁伏半島から北は20メートル前後、それより南はほぼ40メートル前後。一番深い所は１１８メートルで、この付近だけが、深さ１００メートルと落ち込んでいる。これは１９３８年の湖底噴火の跡とみられている。

屈斜路の御神渡り　２月

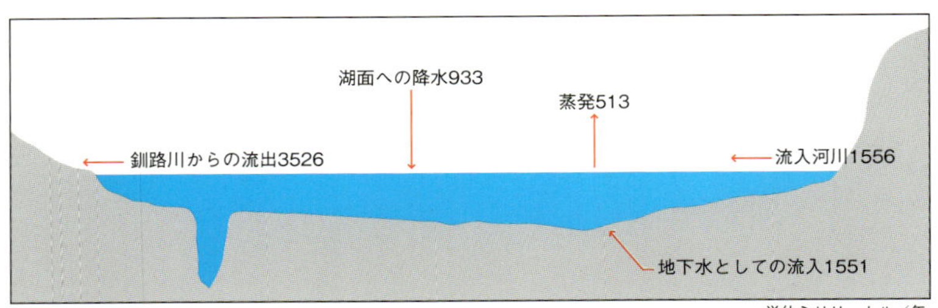

屈斜路湖の水のバランス

単位ミリリットル／年
（「弟子屈町郷土学習シリーズ」より）

流入する川の数は34とされているが、名前がついている川は24しかない。これらの川から湖に入る水の量と、周辺の地面から湖ににじみ込む地下水の量がほぼ同量と計算される。

水温は春と秋に湖面と湖底が同じになって全部の水が混じりあう。夏は湖面が高く湖底が低くなるが、冬は逆に湖面が結氷してほぼ摂氏ゼロになると、底の方の水温が高くなる（逆列成層）。すべての水が入れ替わるのに7年かかるという。

屈斜路湖には魚が多い。ヒメマス、ニジマス、アメマス、エゾウグイ、ワカサギなどだ。釣りを楽しんだり、ヒメマスで稼ぐ人たちも多い。ところが屈斜路湖はこれまでのガイドブックでは「魚はいない」「乏しい」とされていた。これは昭和13（1938）年に起きた屈斜路地震で大量の硫酸塩が噴出して魚が全滅したことによる。このときは今では幻の魚といわれる巨大なイトウなどが岸に打ち上げられたという。

一方、幕末の探検家、松浦武四郎は「大きな魚が多い」と日記に記している。ということは、屈斜路湖は「魚が多い」→「魚は全滅」→「魚が復活」という歴史をたどっているのだ。現在は魚が住みやすい環境になっている。

地元の弟子屈町は、１９６８年から毎年、屈斜路湖に稚魚を放流している。

美幌峠から見る屈斜路湖

中島

屈斜路湖に浮かぶ、火山噴火でできた大きな島。周囲12キロ、面積５・７平方キロ、全体が原生林に覆われている。真ん中に突き出た山が島の最高点の標高３５５メートル。湖水面から２３４メートルの高さ。昔はアイヌの砦があったといわれているが、現在は環境保全のため上陸は禁止されている。戦後の混乱期には地元の人たちが木を伐り出し、氷の上を馬ソリで運んでいたという。

和琴半島の紅葉

和琴（わこと）半島

もともと火山活動によって生まれた島だったが、長い年月をかけて陸続きとなり、いまのオタマジャクシの形、陸地から突き出た半島になった。

アイヌ語で「オヤコッツ」（尻が陸地にくっついているという意味）と呼ばれていたが、1921（大正10）年、ここを訪れた詩人の大町桂月が「和琴」という美しい漢字に改めた。先端部にはオヤコツ地獄が熱い噴気を上げている。この付近は冬でもコオロギのような鳴き声が聞こえる。マダラスズだ。

またミンミンゼミが局地的に生息している。ミンミンゼミ生息地の北限で天然記念物に指定されている。6～8千年前には北海道に広く分布していたようだが、寒冷化で南に追いやられ、地熱がある和琴半島にだけ生き残ったと考えられている。ここには

和琴の露天温泉

幼虫が越冬できる暖かい場所があるからだ。

半島を一周する2・5キロの自然探勝路が整備されており、トドマツなどが生い茂る森の中の木々の前には環境省の手になる説明板が設置されている。カツラの巨木が多い。30種類の樹木がある。暖かいので、可憐な白い花、カワユエンレイソウなど、植物の種類も豊富だ。

足の弱い人には時計まわりのコースをお勧めする。途中のオヤコツ地獄の階段が下りになるからだ。所要時間は約1時間。

半島の付け根には無料の温泉が2か所あり、自由に入ることができるが、露天風呂の方は人目を気にしない勇気がいる。また半島西側にはきれいな砂浜が長く伸びる。

和琴半島は以前、屈斜路湖を代表する観光地だっ

川湯温泉で見られる霧氷　国道 391 号線の東側　1 月

た。いまも東側の岸辺にシャワー室、トイレ、洗濯室、管理事務所を備えた和琴キャンプ場があり、アウトドアライフを国民的なレジャーとするドイツ人の利用が多い。

ポンポン山

冬　ポンポン山（第一）

親しみやすい名前で呼ばれるこの山は、気軽に山登り体験ができる低い山。頂上では冬でも噴気によって雪が積もらず、小さな昆虫のマダラスズが「ジー、ジー」と小さく鳴く。あまり小さいので見つけるのに少し時間がかかる。

場所は川湯温泉から屈斜路湖めがけて道道（北海道が管轄する道路）を3キロばかり、仁伏（にぶし）温泉から登っていく。ちょうど川湯温泉街の南西側にそびえるサワンチサップ（帽子山、標高520メートル）の裏側＝南側にあたる標高約300メートル、つまり湖面からの高低差180メートルほど、距離にしてほぼ2キロ。

1時間近く谷間を登っていくと突然視界が開けて木や草がない丘が現れる。ここがポンポン山。その丘の上を歩くと、地面の中が空洞になっているかのように「ポンポン」と響くので、この名前がついたという説と、「ポンポツヌ」＝小さな各所から噴き出す熱泉というアイヌ語の二説がある。この穴に卵を入れておくと蒸気でゆで卵ができるのだが、あまり簡単ではない。

実はここが第1ポンポンで、第2、第3も少し登った所にあるが、最近は冬でもヒグマの足跡があり、一人での行動はお勧めできない。第1ポンポンまでは年中登ることができ、冬はスノーシューや山スキーで登るが、雪が踏み固められた後ならば長ぐつでも行ける。

空から見る仁伏温泉

仁伏温泉

川湯温泉街から西へ道道を3キロ、屈斜路湖畔にある温泉地。ポンポン山から湖に向けて地下を流れる豊富な温泉水を利用している。この温泉は単純泉で、川湯温泉の酸性湯とは対照的。川湯が森の中の雰囲気なのに対して、こちらは広い湖に面し、湖の向こうに一番高い外輪山の藻琴山（もことやま）が見える。

砂湯

仁伏から南へ4キロ、湖畔の砂を手で掘ればたちまち温泉が湧き出てくる、いま屈斜路湖で一番の人気スポットとなっていて、年中、観光バスが来る。広場にはレストハウスがあり、広い駐車場と公共トイレ、売店、食堂、土産品店などがある。夏は桟橋から足漕ぎボートやモーターボートが出る。そしてお盆のころになると、ここのキャンプ場はテントを張って過ごす人たちで賑わう。冬はシベリアからやって来るオオハクチョウの群れが砂浜に上がって観光客に餌をねだる。

湖畔の露天風呂

砂湯からほぼ2キロの湖東岸にある「池の湯」は、無料で入れる露天温泉。岩に囲まれた直径15メートルほどで、岩の間から39度の温泉が湧き出ている。温泉と湖面の差はほとんどない。温泉につかりながら湖を眺めていると、自分が湖の中にいるような感じになる。

あふれた温泉はそのまま湖に流れ出ている。暖かいので魚が集まってくる。男女別の脱衣場が設けられているが、トイレはない。

そこからさらにほぼ3キロ、同じ東岸に「コタンの湯」がある。コタンは「古丹」とも書き、アイヌの人たちの集落から発展した地区。この湖畔に男女別の無料の露天風呂がある。地区の人たちがきれいに手入れをしているので気持ちよく入れる。冬は目の前の砂浜にオオハクチョウたちがやってきているが、さすがに寒くて露店風呂は無理だ。そういう場合は地区内にある「コタン共同浴場」が利用できる。有料だが、建物の中なので安心できる。

池の湯

コタンには弟子屈町立の屈斜路コタンアイヌ民俗資料館もある。立派な建物の中に展示があり、アイヌの歴史、文化、風俗を知ることができる。ここで民族衣装の試着体験やアイヌ紋様の刺繍（ししゅう）づくり体験ができる。

またコタンのレストランでは、アイヌの伝統ウグイ料理「パリモモ」を食べることができる。

コタンの露天風呂

釧路川の出発点にかかる道道の眺湖橋(ちょうこばし)を渡り、国道243号線を西に移動すると、和琴半島の手前、東側の南岸に「三香温泉(さんこう)」がある。ここは家族経営の小さな旅館が持つ露天風呂で有料。木立に囲まれて湖畔に3種類の温泉がある。さらに少し西に行った所が和琴半島で、露天風呂と屋根付きの温泉の2か所があり、いずれも無料。

露天風呂や大浴場は、営業している旅館・ホテルのほとんどにあり、料金を払えば入ることができる。

コタンのアイヌ民族資料館

水上レジャー

屈斜路湖では、モーターボート、水上バイク（ジェットスキー）、釣りなどを楽しむことができる。「屈斜路ウォータースポーツ交流公園」からボートなどを湖に浮かべ、また引き揚げることができる。トイレ、シャワー、研修室のある管理棟と駐車場がある。湖への斜路の利用は有料。利用時間が午前8時～午後4時半（事前予約が必要）。

屈斜路湖で釣りを楽しむ

屈斜路湖を眺める　美幌峠、藻琴峠、津別峠

屈斜路湖を眺めることができる展望台は3か所がよく知られている。美幌峠、藻琴峠、そして津別峠である。

美幌峠は標高５２５メートル。ここの道の駅から少し登ると眼下に絶景が広がる。手前に大きな中島、右手奥に少し突き出た和琴半島が、そして左手ずっと奥に斜里岳がかすんで見えるはずだ。冬から春にかけて斜里岳は神々しく純白の衣をまとっている。道の駅の名前も「ぐるっとパノラマ美幌峠」。展望台付近に美空ひばりの「美幌峠」の歌碑があり、歌を聞くことができる。美幌峠は映画でもよく取り上げられ、１９５３年の松竹映画「君の名は」第2部で、岸恵子演じる真知子が寒さをしのぐため顔と肩を覆ったショールの巻き方が「真知子巻き」として有名になった。そのときロケに使った標識などが道の駅に残されている。また２００８年の中国映画「狙った恋の落とし方」のロケも行われた。数億人が見たというこの映画によって、中国人の間でも美幌峠の人気は高い。

藻琴峠は屈斜路湖の北西側にある。標高５３５メートル。ここからも眺めはいいが、その下の小清水峠藻琴山展望駐車公園、標高４３０メートルからは、湖の北部を手前に、奥に川湯温泉、硫黄山の噴煙を望む。峠から少し登った藻琴山中腹に「ハイランド小清水

美幌峠
美空ひばり
作詞 志賀 貢
作曲 岡 千秋
一、あなた忘れる 旅だけど
霧が心を まよわせる
なにも見えない 峠に立てば
にくしみだけが 遠ざかる
ああ さいはての
美幌峠に 霧が降る

美幌峠の歌碑

冬の美幌峠　屈斜路湖は流氷が網走に達すると全面結氷する

美幌峠から見た屈斜路湖の夏の朝景

725」という小清水町のレストハウスがある。標高はその名のとおり725メートル、屈斜路湖はもちろん、オホーツク海、知床半島と大パノラマが広がる。標高ちょうど1000メートルの藻琴山に上る登山道入り口でもある。この付近は小清水町の区域になるため、藻琴峠、小清水峠と2つの峠の名前があってまぎらわしい。

南側の津別峠には多くの写真家が訪れる。標高947メートルと高く、真ん中に中島がわずかに頭だけをのぞかせた屈斜路湖明け方の雲海の撮影ができる。ただし屈斜路湖側からは道が悪く、冬季は津別側を含めて閉鎖される。苦労して峠にたどりついても霧で何も見えないことがある。展望台はヨーロッパの古城を思わせる建物だ。

このほかに網走方面に通じる国道391号線の野上(のがみ)峠、標高326メートルと低く、冬の吹雪のときもこの峠だけは通じていることが多い。川湯三山はよく見えるが、屈斜路湖は右手にわずかに見えるだけだ。

屈斜路湖の氷　厚さ40センチの氷盤

昭和42年、川湯温泉に旅館は沢山あったが、まだ電気冷蔵庫を使っているところは少なかった。氷によって冷やす旧式の冷蔵庫で生ものを保管していた。1944(昭和19)年頃、わが家にもあった。父がささやかな魚屋をしていたので使っていたのだろう。ではその氷はどこから持ってきたのだろう、と言えば1か所しかない。屈斜路湖の氷を切り出して、氷倉に入れ、製材所からおがくずをもらってきて、その中に埋めておくのだ。氷は意外に長持ちし、夏の暑さの最盛期でも10％程度の目減りだったと言うから昔の人の知恵は素晴らしい。冷蔵庫だけではない。暑い日にはこの氷でかき氷を作って売りまくっていた。

上：切り出された氷、下：馬ソリで川湯温泉まで運んだ

写真は屈斜路湖の氷を馬そりに乗せて運搬する仕事をしていた友人のところで撮ったもの。（藤）

しぶき氷

結氷前の屈斜路湖は荒々しい。標高1000メートルから吹き下ろすオホーツク海からの強風

にさらされて、湖の波は高く、岸辺にうち付けるしぶきは容赦なく岩や木々の枝などを濡らし一瞬のうちに氷となって張り付く。その上にまたしぶきが飛びつく。一夜繰り返すと、ツララの列が成長し、湖畔のアートが作り上げられる。

屈斜路湖の湖底や湖岸からは温泉が湧き出ている。冬の寒気にさらされて湯気が上がり、結氷した湖面をさまよい、小さな突起を見つけてはまとわりついて凍る。「フロストフラワー」と呼ばれる現象だ。フロストフラワーは、太陽が上がってしばらくすると溶けて消えてしまう。氷上の小さなドラマだ。

上：しぶき氷、下：フロストフラワー

美幌峠の雲海

美幌峠から屈斜路湖

津別峠から見た屈斜路湖　大島秀昭撮影

屈斜路カルデラの中は霧氷がすばらしい

摩周山の中腹から見える湖の姿はぽつんと鏡を置いたようであった。この鏡のような湖心にはカムイシュという黒子(ほくろ)のような島があり、まるで浮いているようであった。……波一つない静けさである。湖の向こうには摩周の剣のような頂上が雲の中へ隠れているように見えた。

(「摩周湖紀行」林芙美子)

3　摩周湖

摩周湖の成り立ち

摩周湖は1万数千年前、屈斜路カルデラの中で円錐形の成層火山として隆起。噴火を繰り返して7000年前に山の中央部が陥没し摩周湖が出現した。その後、3500年前から1500年前にかけて南東部に摩周岳ができ、また湖の中にカムイシュ島が隆起していまの形となった。摩周湖を取り囲む外輪山の急傾斜は壁のようだ。湖の中もまた急角度で深くなっているため、貯水量は、はるかに大きな面積の屈斜路湖を上回る。

（貯水量：摩周湖2・75立方キロメートル、屈斜路湖2・25立方キ

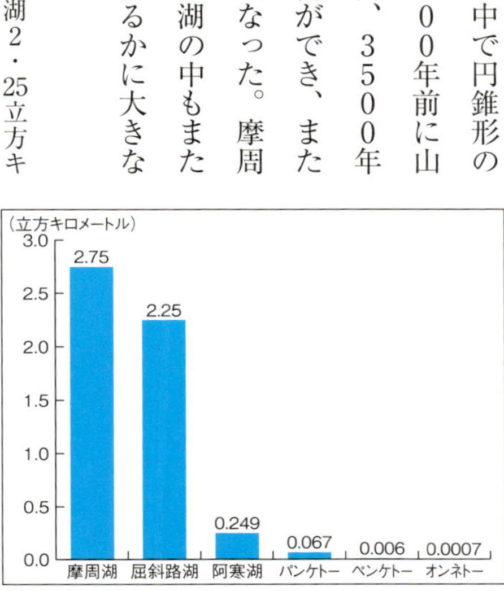

貯水量の比較

冬の摩周湖　3 月になってやっと全面結氷した。2017 年

霧がただよう摩周湖　上に見えるのは摩周岳（第三展望台より）

釧路の海上で生まれた海霧（ガス）が摩周湖へやってくる。６月（第三展望台より）

ロメートル、阿寒湖0・75立方キロメートル）

神秘の湖、摩周湖

摩周湖は、ふもとを走る国道391号線から一段と高い山の上にある。車で標高差400メートルほど上がらなければならない。湖のほとりの第一展望台に売店とトイレがあるだけで、はるか下、約200メートル下に広がる湖まで降りて行くことはできない。昔、アイヌの人たちは摩周湖を恐れて近づかなかったといわれるが、今も展望台以外は特別保護地区、全面立ち入り禁止となっている。

1931（昭和6）年8月31日、白い円盤を水面から紐でつるし、41・6メートルの深さまで見ることができ、透明度世界一を記録した。出入りする河川がゼロなのに水位はほぼ一定。川がなく人が住んでいないので汚染物質の流入がない。

透明度が高い水は、青以外の光を反射しない。よく晴れた日には湖が「摩周ブルー」に輝く。湖の水は、上層下層の温度差がなくなる12月と5月に循環し、その時に透明度がもっとも高くなる。「摩周ブルー」はこの時期にとりわけ美しくなる。

摩周ブルー

霧の摩周湖

湖が霧に包まれるのはとくに6月から8月。夏場に多く、「摩周湖に来て湖を見ることができたらその娘はお嫁にいけない」と言われるが、実際には、秋にはくっきりと見える日が多く、湖面が見える日は年間を通じて8割程度というデータがある。

ブロッケン現象

「霧の摩周湖」というイメージが広まった要因は何と言っても布施明のヒット曲だ。「誰も知らない場所の歌では売れない」という声に対して、プロダクション社長は「都会の人間が知らない場所だからこそ夢が広がっていい」と後押ししたという。レコード用の写真撮影をしたとき、霧に見えていたのは実は展望台売店の炭焼きの煙だったというエピソードがある。

「霧」を目当てにやってくる人も多い。晴れた早朝、摩周岳の影が映るほど静かな湖面を、まるで綿飴屋さんの鮮やかな手際のようにもやもやと霧が沸きだし、見る間にカルデラを埋めてしまうこともある。また夕

映画「天地創造」の海が割れる一瞬を想起させる霧のドラマ　摩周湖第三展望台より　7月

方、湖面を這うように霧が沸きだし、月の摩周湖ではなくて、雲海の摩周湖になってしまうこともある。夕方、西に傾いた太陽が、摩周カルデラの分水嶺をかすめて射すとブロッケン現象*を見ることもできる。

*昔、ドイツのブロッケン山でよく見られることから「ブロッケンの妖怪」と恐れられた。

霧の摩周湖　歌　布施明／作詞　水島哲／作曲　平尾昌晃

霧にだかれて しずかに眠る
星も見えない 湖にひとり
ちぎれた愛の 思い出さえも
映さぬ水に あふれる涙
霧にあなたの 名前を呼べば
こだませつない 摩周湖の夜

あなたがいれば 楽しいはずの

旅路の空も 泣いてる霧に
いつかあなたが 話してくれた
北のさいはて 摩周湖の夜

摩周湖の滝霧

摩周湖の霧は釧路の海、太平洋で作られ、釧路湿原をはうようにやってきて摩周湖の外輪山にぶつかり、壁の低いところから川の水のように湖に流れ込む。最初は少しずつ、後から押し寄せるように勢いをつけて、やがて摩周カルデラは霧であふれかえる。その様子から「摩周湖の滝霧」といわれる。

法律上は「大きな水たまり」

戦後56年たった2001（平成13）年12月、弟子屈町であることが見つかった。町の面積の24％を占める土地、1万8800ヘクタール、主に山林が、戦前の宮内大臣の名義のままになっていたのだ。明治初期、弟子屈の土地の多くは「御料地」として宮内省の所管になった。それがそのまま残されていたのだ。現在の宮内庁に問い合わせたところ、「そんな土地は持っていない」という回答だった。これを処理するための協議会が、国、道、町などで組織され、協議を重ねた結果、2003年3月、土地は国土交通省、財務省などに分けて名義変更された。そして摩周湖は農林水産省の林野庁所管となった。湖や沼は、流れ出る川があるため国土交通省の所管とするのが普通だ。ところが摩周湖は流れ出る川がなく法律上は「大きな水たまり」とされたため、所管する役所がない。しかし、湖に顔を出しているカムイシュ島には樹木が生えている、ということで林野庁の所管となった。

カムイシュ島

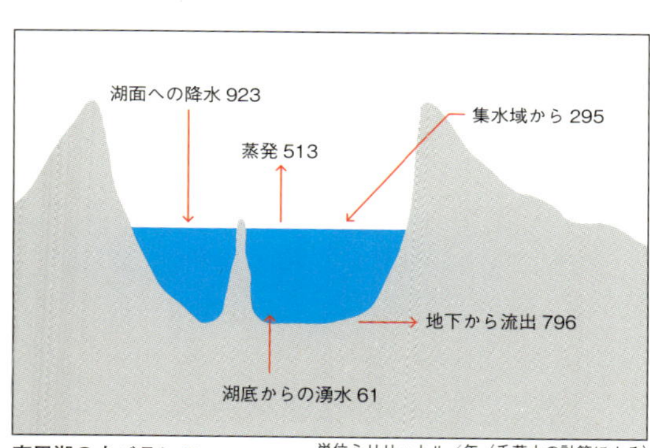

摩周湖の水バランス　単位ミリリットル／年（千葉大の計算による）

神の子池

「阿寒摩周国立公園」と名称が変更されたのと同時に、摩周湖の外輪山北側ふもとにある「神の子池」が編入された。神の子池という名称の由来は、摩周湖からきている。「カムイトー（神の湖）」の水が伏流水となってここに湧きだし、小さな池を作ったので「神の子」とされたのだ。ところが最近になって、神の子池の水は摩周湖の伏流水ではなく外輪山に降った水だとする水質分析結果が出た。地元の人たちは騒然となったが、そうであっても、神の子池の美しさや神秘性に変わりはない。

オショロコマ

神の子池の水は、密度の濃い森林の下をくぐりぬけて湧き出ている。神の子池の色が神秘的なエメラルドブルーとなっているのは、太陽の青い波長の光だけ水に吸収されずに白い火山灰で反射するためだ。底に沈んでいる樹木も手に取るように見える。そして魚がいる。オショロコマだ。日本では北海道にしかいない。

神の子池　夏、青空が広がるときがよい

見に来た人は、やはり神の子の池だと思うに違いない。

さくらの滝

さくらの滝は、斜里川の上流、清里町緑(みどり)にある。川幅30メートル、滝の高さは5メートル。昔、この辺りが海底だったころ砂岩が崩れてできたとされる。春には桜が咲き、7月から8月にかけてはサクラマスが滝越えのジャンプを見せてくれる。サクラマスは渓流の女王といわれるヤマメ（北海道ではヤマベ）が海に下って大きく成長し、再び産卵のために川にもどってくるサケ科の魚。これだけ大きな滝をジャンプする姿を見ることができるのはここだけだ。ジャンプが始まる7月、魚体は銀色に輝き、産卵が近づく8月には徐々に桜色に変わっていく。そして9月には産卵を終えて、他のサケと同じように次の世代に命を引き継いでいく。場所は釧網線緑駅の東側付近、道道摩周湖斜里線から少し西に入る。

東京で見た摩周湖

1965（昭和40）年の1月、私は東京で写真プリントの修行をしていた。田舎でも見よう見まねでプリントして稼ぐことはできたが、納得ができなかった。知床半島で知り合った写真家に東京のラボを紹介してもらった。東京オリンピックの仕事を通じていろんなことを覚えた。ある日、1階のラボで作業中、2階へ来い、と声がかかった。上がってゆくと、2メートル四方もありそうな摩周湖の写真を乾燥しているところだった。誰も見た者がいないので、どんな色に仕上げたらベストか分からない、北海道出身がいるから聞いてみろ、との社長の指示で私が呼ばれた訳だ。私はただ呆然として見ていた。凄い写真だった。聞くと、富士山を撮って日本一と言われる岡田紅葉さんのものだと言う。『阿寒国立公園』の資料として撮ったものだった。私は打ちのめされた。「私が朝な夕な眺めながら暮らしていた低い峰の向こうにある湖は、とんでもないものなのだ」と、このとき初めて知ったのである。

優れた暗室マンを目指して東京まで来たが、「オレはカメラマンになるべきだったのだ」と、改めて自分の住んでいるところが素晴らしい場所であったと、その意味をかみしめた。翌日、社長にそのことを話し、北海道へ帰って摩周湖を撮りたい旨を伝えると、大変喜んでくれた。

あのときあの写真を見なかったら、私はおそらく東京でモノクロの暗室マンになっていた。岡田紅葉さんの摩周湖は「早く帰ってこい」という信号だったと思っている。（藤）

さくらの滝　サクラマスのジャンプ　6月

霧氷の摩周湖　２月

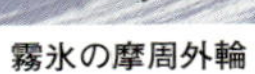
霧氷の摩周外輪

霧氷の摩周湖

前日の夜、摩周湖は外輪山ごと深い霧に覆われていた。気温は奇妙に温かく、翌朝の摩周湖が気になって眠れない。夜が明けて太陽が出ても、家の窓から見える摩周湖外輪山の霧は深く、いっこうに晴れる様子はない。長い間つきあってきた摩周湖だが、なかなかむずかしい。思い切って摩周湖へ向かった。どうやら昨夜はわずかながら雪も降ったらしい。外輪山の上に出てぎょっとした。素晴らしい霧氷がかかっていたのだ。時間はまだ少し早い。あわてずゆっくりとスキーをはいて、柔らかい雪を踏んで分水嶺に上がると、そこには素晴らしい景観が展開

されていた。動物たちの足跡もなく、まっさらの雪の表面を生かそうとシャッターを切り続けた。（藤）

氷雪の摩周岳

摩周岳は、第一展望台から見るとこんな風に見える（88ページ）。標高はたったの857メートルだが、切り立った氷雪の岩壁はアルプスを思わせる。登山は右の稜線を行くのだが、相当の急斜面だ。

摩周岳主峰　1月

4　アトサヌプリ（硫黄山）

活火山、アトサヌプリ

標高508メートルのこの山は、地元では「硫黄山（いおうざん）」。全国に硫黄山が多いことから「川湯硫黄山」とも呼ばれる。「アトサヌプリ」はアイヌ語で「裸の山」という意味。絶えず噴出する硫黄ガスによって草木が生えず、岩や硫黄の塊が露出している。あたりは硫黄の匂いが立ち込める。気象庁は噴火警戒レベル1、「活火山であることに留意」にランクづけして警戒心を保つよう呼びかけている。マグマの熱で温められた摩周湖からの地下水が、2キロ下流の川湯温泉に湧き出て温泉街を支えている。この温泉は強酸性で切り傷の治療などによく効くとされている。

アトサヌプリは3万年前の屈斜路カルデラの大噴火のあとにできた成層火山。その外輪山の内外にマクワンチサップ（574メートル、かぶと山）、サワンチサップ（520メートル、

川湯硫黄山（アトサヌプリ）

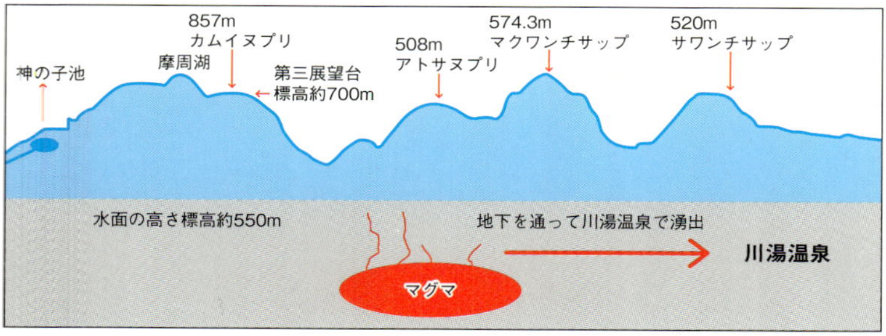

帽子山）など、低い火山と小カルデラがある。

アトサヌプリでは、明治に入って火薬やマッチの原料、パルプ製造などに使う硫黄の採掘が行われ、硫黄を運ぶために北海道で2番目の鉄道が敷設されるなど、この地方の産業や林業、農業を起こす起爆剤の役割を果たした。

戦後になると、スコップ、くわ、つるはしなどから重機で掘る時代となり、運搬には大型トラックが用いられた。山体に斜めに線が入っているところは、トラックが硫黄原石を運んでいた道路である。背後に見えるのは「マクワンチサップ（かぶと山）」その向こうに屈斜路湖がちらりと見える。

屈斜路カルデラには、10の山で構成されている中央火口丘があるが、それを代表するのがこの3つの山だ。右からサワンチサップ（帽子山）、中央がマクワンチサップ（かぶと山）、そして左がアトサヌプリ。

硫黄山を歩く

「熊落とし」と呼ばれる巨大な爆裂火口、その火口底は白い砂場になっていて、真っ平らだ。この山を南東側から見ると周囲の外輪山がお皿のヘリで、その中にお椀を伏せたような硫黄山が見えるので、成長の具合がよく分かる。また駐車場側から見ると前面が段々になっているのが分かる。第2の隆起をしているとき、溶岩が流れた痕跡だが、棚田か段々畑のように見える。山頂から真っ直ぐ直線的に降りて見ると、樹木はハイマツとナナカマド、ガンコウランが生育しているだけだ。この環境に適応できたものだけが生育している。岩と岩の間には結構すき間があり、中をのぞくと噴気口が見える。

青葉道路

1887（明治20）年、北海道で2番目の鉄道が跡佐登（アトサヌプリ）と標茶の間41・8キロに敷設された。川湯硫黄山から硫黄鉱石や精錬された硫黄を運びだすための貨物専用の安田鉱山鉄道だ。安田はこの鉄道のためにアメリカから蒸気機関車2両、イギリスから貨車を輸入し、レールはドイツ製を使った。蒸気機関車は「進善号」と名付けられた。ミニチュアが硫黄山レストハウスに展示されている。この鉄道は明治29年まで運行された

川湯硫黄山の秋

つつじが原のイソツツジ　７月

青葉道路（安田鉱山鉄道跡地）　８月

が、硫黄山の鉱脈が尽きたため「釧路鉄道会社」と名称を変え、開拓者や農作物を運んだ。しかし採算がとれず、翌30年に廃線となり、北海道鉄道会社に売却された。その路線の一部、標茶・弟子屈間は昭和4年にこの区間が開通した釧網線に転用された。跡佐登付近の線路跡だけが当時の隆盛を物語るように、120年以上の歳月を経たいまも残されている。写真（前頁）は昭和40年ごろのものだが、今も変わらず、「青葉道路」「青葉トンネル」と名づけられて観光客に親しまれている。

北側山麓の樹木

硫黄山北側山麓では6月中旬から白いイソツツジが咲き、秋には紅葉が見事だが、植物が生育するにはいささか条件が悪い。硫黄山噴火の際に降りそそいだ火山灰地が植物の入り込むすきを与えていない。

ここで生育する樹木は、シラカンバ（白樺）、ハイマツ、イソツツジ、ガンコウランの4種だけ。その他の樹木はまれで、またほとんど大きく成長することはない。コケ類もハナゴケ、スギゴケの2種類だけだ。硫黄ガスの濃度は、遠くなるにつれて拡散されて薄くなる。そして樹木の高さも次第に高くなる。

8 月の川湯三山　左からアトサヌプリ、マクワンチサップ、サワンチサップ

アトサヌプリのハイマツ帯

立ち上がるハイマツ

硫黄山山麓に広がるハイマツ帯はおよそ１００ヘクタール。ハイマツは漢字で「這松」と書くが、ここのハイマツには特徴があり、一本の樹木として立ち上がっているものがあることだ。風力も弱く、雪量も少ないのでのびのび成長したらしい。真っ平らなハイマツ帯の海に頭を突き出して生育している一本木を探すのも楽しい。

立ち上がるハイマツ

亜熱帯性植物、ミズスギ

南面のわずかな一部だが、亜熱帯性植物の「ミズスギ（シダ類）」の生育地がある。そのすぐ横にかつての硫黄鉱山の採石場があり、鉱石運送用の道路があった。

キンムトー（沼湯）

硫黄山南の原生林の中にポツンと置き忘れられたようにある「キンムトー」は不思議な雰囲気を持つ沼だ。屈斜路カルデラの中央火口丘の跡だといわれている。屈斜路湖畔と国道を東西に結ぶ林道はあるが、クマが多いのでお勧めできない。

キンムトー　９月

キンムトー　10月

5　川湯温泉

冬の川湯温泉

屈斜路カルデラの底にひっそりとたたずむ小さな温泉街、川湯温泉は、一冬に数回は日本一の低温になることがある。マイナス27度を下回ることも。道路には温泉の湯気が吹き出し、ダイヤモンドダストが降り注ぐ。

川湯温泉最古の写真

弟子屈生まれの詩人、更科源蔵（さらしなげんぞう）の『弟子屈町史』1949（昭和24）年によれば、川湯温泉が開かれたのは1886（明治19）年。釧路の佐野孫右衛門が硫黄山で採鉱精錬を始めた年から10年後のことだ。標茶でそば屋をしていた高橋貞蔵が、硫黄山の鉱夫の男たちを当て込んで料理屋兼旅館を川湯に建てた。しかし鉱山の荒くれ男たちの博打場になって

川湯温泉　湯ノ川

しまって商売にならず、放り出して逃げてしまったと伝えられている。まだ管理者もいない時代のこと、荒くれ男たちの独壇場だったに違いない。上の写真の表記は「弟子屈温泉」となっているが、これは現在の川湯温泉で、おそらく1897（明治30）年頃の撮影。この写真は川湯温泉最初の写真としていいと思う。（藤）

定住者第1号

川湯温泉の元祖と言われる浅野清次は会津藩の出身。本名を赤川清次といい、戊辰戦争の折には19歳、朱雀隊の一兵士として幕府軍と戦った。戦い敗れて敗走を続け、敵前逃亡、脱藩の罪、追っ手がかかると思い込み北海道中を逃げ回っていた。川湯温泉に落ち着いたのは、厚岸太田の屯田兵の娘を養女として迎え、娘の戸籍を使って土地や山林を買ったりすることができるようになってからのことである。そして明治37年、誰もいない川湯温泉に旅館を建て、定住者第1号となった。

躍動する川湯温泉

浅野清次の後を追う者はなく、一軒家のまま、１９２０（大正9）年に養女トヨに婿（むこ）が迎え入れられた。静岡県出身の有貝十次郎、婿入りして五月女十次郎となった人物である。浅野清次が川湯温泉の元祖であれば、五月女十次郎は川湯温泉育ての親とも言える。

明治37年に建てられた旅館

１９２６（大正15）年、川湯温泉にようやく2軒目の旅館ができた。１９２７（昭和2）年には、土地の払い下げが行われ、狂乱の土地ブームとなった。旅館は雨後のたけのこのように建ちはじめ、学校も開校し、１９３１（昭和6）年には鉄道（釧網線）も釧路網走間が全通した。道路も電気も電話も通じるようになり、国立公園誕生と、夢のような発展に一帯はわきにわく騒ぎとなった。

強酸性温泉との闘い

川湯温泉は豊かな温泉に恵まれているうえ、いろいろな薬効があり、明治30年代から湯治場として珍重されてきた。温泉が流れている川を掘ると、すぐに湧き出してくる温泉は宿を経営する者にとってはありがたいのだが、あまりにも酸性度が高いので浴槽に木が使えなかった。コップに入れた温泉水の中に五寸クギを漬けておくと、ほぼ1週間で溶けてしまうほど酸性度が高いからだ。当然、湯元から引いてくる温泉に鉄の管は使えず、風呂にはとても苦労をしてきた。周辺にいくらでもあるアカエゾマツをタテに3分の1ほど「タテ引きのこ」で切り割り、残り3分の2の方に湯を流す溝を掘った。そして3分の1の方をそのふたにして温泉が冷めないようにした。

紅葉館（写真提供　佐々木智恵子）

　ほかにも難点があった。酸性度が高いので石けんが使えないことだ。石けんを使えるお湯（真湯、まゆ）を作るために、樋（とい）の中に鉛の管を通し、ここに水を流し込んで湯元から浴槽までの間で温泉の熱で暖めた。石けんが使えるようになって大変喜ばれた。これをすべての旅館が真似た。最初の発案者が誰だかは分からないが、現在もその方式で真湯を作っている。いまではアカエゾマツの樋も、酸に強いエスロンパイプに変わっているが、それでも「川湯温泉は風呂で貧乏する」と言われるほど設備の消耗が激しい。強酸性のお湯は川湯温泉の泣き所でもある。

大鵬相撲記念館

横綱、大鵬幸喜

川湯温泉を硫黄山側から入ってくると、温泉街の入り口左手に見える、がっしりとした平屋の建物が大鵬相撲記念館。大鵬は川湯温泉が誇る天下の名横綱だ。私が中学2年生の時、母校の川湯中学校が全焼し、焼け出された中学生は近くの小学校で授業を受けた。そのとき小学生の中に飛び抜けて大きな子がいるなとは思ったが、とくに気にすることもなく過ごしていた。私の妹は6年生で大鵬と同級生だった。夏の運動会のリレー。かなり遅れをとっていたチームで、その大きな子が体を揺すって巨大な歩幅で追いついて、声援は大変なものだったことを憶えている。彼は卒業後、しばらく私と同じ営林署の造林チームで働いた。後年、私が写真を仕事とするようになって、関取となった大鵬を二度、正式に撮影する機会があった。大鵬が初めて弟子屈町に里帰りしたとき、兄の幸治氏が「どのくらい強くなったか相手をしてやる」と家の前で取り組んだが、何度やっても道路に叩きつけられるだけで勝てなかったと言って笑っていた。（藤）

摩周温泉

弟子屈町には、川湯温泉のほかにもう一つ温泉場がある。弟子屈町役場などがある中心市街地の弟子屈温泉だ。近年、摩周湖にちなんで「摩周温泉」と名前が変えられた。弟子屈市街地も温泉が豊富に湧く所で、町が各家庭に温泉を供給している。

この摩周温泉は、川湯温泉がまだなかったころに開かれた、道東で一番歴史のある温泉で、１８８５（明治18）年に温泉宿が開かれた（後の摩周パークホテル）。それまでこの地域に住んでいたのはアイヌの人たち17戸だけだった。

弟子屈温泉は戦後の旅行ブームで旅館やホテルが増え、湯ノ島地区のバーやキャバレーもにぎわった。現在、町内には温泉を利用した小さなホテル、旅館、民宿が散在する。

冬の川湯

奥の赤い屋根の建物は釧網線川湯温泉駅（師走）

川湯温泉駅から歩いて３分　初冬のアトサヌプリ、手前はホテル

6　阿寒カルデラと屈斜路カルデラ

阿寒摩周国立公園は、千島列島から南西に伸びる典型的な火山地帯の阿寒知床火山列にあり、公園を構成する二つの大きなカルデラ、阿寒カルデラと屈斜路カルデラが隣接している。地学的には先に阿寒カルデラが形成され、その後、東側に屈斜路カルデラができた。

阿寒カルデラの成り立ち

大昔、現在の阿寒湖があるあたりは海だった。地殻変動で陸地となったあと、まず阿寒の山地に噴火が起こった。17・5万年前と15・8万年前のことだ。噴火による陥没でカルデラ湖の古阿寒湖が誕生した。いまより大きな湖だったが、外輪山の一つの雌阿寒岳の噴火による噴出物でいったん埋まってしまった。1万年前になって、こんどは東側の雄阿寒岳が噴火し、これで水がせきとめられて湖が復活。しかしこの雄阿寒岳の成長で、この湖

パンケトー（左）とペンケトー（雄阿寒岳山頂より，７月）

は西側の阿寒湖と東のパンケトー、ペンケトーに分断されていまの形になった。

屈斜路カルデラの成り立ち

阿寒カルデラができたあと、東の地続きのいまの弟子屈地方には、弟子屈火山をへて巨大な屈斜路火山がそびえたった。しかし屈斜路火山は30万年前に大噴火、約3万年前になって、内部が陥没して古屈斜路湖を含む屈斜路カルデラが生成された。これにともなって屈斜路火山は姿を消した。

この後、1万数千年前、屈斜路カルデラの東の壁を破って摩周火山が噴火、8000〜7000年前の洪積世末期になると、摩周火山は陥没して摩周湖が誕生した。また屈斜路湖との中間では、アトサヌプリを中心とした10の火山からなる火山群が次々に噴火。

そして縄文時代になって、摩周湖の中で火山であるカムイシュ島が盛り上がってくる。これは当時の一大事件とされた

屈斜路カルデラ断面図

摩周カルデラ　右側の摩周岳の噴火口跡が摩周岳カルデラ

はずだ。また屈斜路湖の中では中島火山が火を噴いた。

続縄文時代、3500～1500年前には、摩周湖の南東外輪山の摩周岳(カムイヌプリ)が噴火活動を始める。この噴火は数百年前まで続き、摩周湖南東部を埋めて円形だった湖を楕円形のいまの形に変え、摩周岳は大火口を開けて小さな摩周岳カルデラを作った。摩周火山から続く摩周岳の噴火によって、火山灰は西からの風に乗って根釧原野一帯に降り積もり分厚く地表を覆った。

7　阿寒湖

阿寒湖

湖、温泉そして森

阿寒湖は、風光明媚な湖と、豊かな森林、そして南岸に開けた温泉街、阿寒湖でしか見ることのできない特別天然記念物の大きなマリモによって国際的な観光地として知られている。阿寒湖は、東にそびえる雄阿寒岳（標高1371メートル）をはじめ周囲を外輪山で囲まれている。年平均気温は3・9度と低く、冬の積雪は2メートルを超えることもある。

温泉街から8キロ南西にこの国立公園で一番高い雌阿寒岳（標高1499メートル）がある。雌阿寒岳はいまも噴煙を上げている。

阿寒湖温泉を訪れる観光客は年間100万人、このうち60万人が宿泊する。湖畔に近代的なホテル群が建ち並び、湖では観光客を乗せた白い遊覧船がマリモの展示施設があるチュウルイ島に向かう。アイヌの伝統芸能を見せる劇場や土産品店がある。また温泉街の背後には国設のスキー場がある。

国設スキー場

阿寒湖のマリモは1897（明治30）年、札幌農学校（現在の北海道大学）の植物学者、川上瀧彌が阿寒湖のシュリコマベツ湾で発見したとされている。マリモは糸状の藻の集合体で世界や日本各地にもあるが、阿寒湖のものは、とくに大きく球状に発達することで知られている。1921（大正10）年に国の天然記念物に指定され、1952（昭和27）年には特別天然記念物となった。現在、阿寒湖のマリモを世界遺産に登録する運動が進められている。また毎年10月には「まりも祭り」が開催され、アイヌの人たちがマリモを湖に返す伝統的な儀式を行っている。阿寒湖温泉がロケ地となった中国映画「狙った恋の落とし方」（2009年）は数億人が見たといわれ、近年は中国人観光客も多い。

阿寒湖温泉と前田一歩園

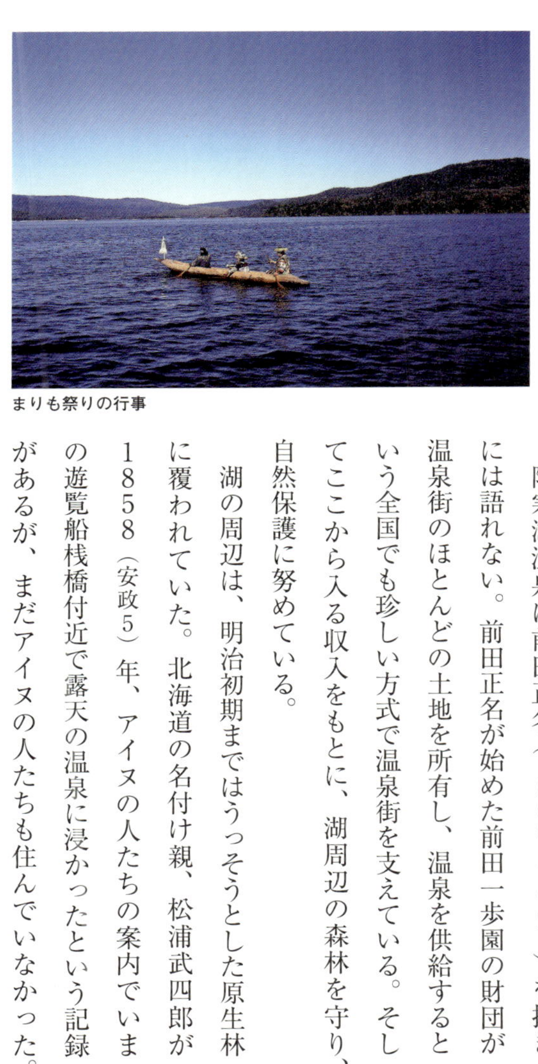
まりも祭りの行事

阿寒湖温泉は前田正名（1850～1921）を抜きには語れない。前田正名が始めた前田一歩園の財団が温泉街のほとんどの土地を所有し、温泉を供給するという全国でも珍しい方式で温泉街を支えている。そしてここから入る収入をもとに、湖周辺の森林を守り、自然保護に努めている。

湖の周辺は、明治初期まではうっそうとした原生林に覆われていた。北海道の名付け親、松浦武四郎が1858（安政5）年、アイヌの人たちの案内でいまの遊覧船桟橋付近で露天の温泉に浸かったという記録があるが、まだアイヌの人たちも住んでいなかった。

阿寒湖の朝（正面は雄阿寒岳　標高 1371m）　10 月

阿寒湖の霧は８月頃から初秋にかけてよく見られ、ドラマチックな変化でカメラマンたちを魅了する

明治30年代になって湖での漁業、木材の搬出、硫黄の採掘などでようやく人が住み始めた。

1906（明治39）年、前田正名は阿寒湖畔の国有林3800ヘクタールという広大な土地の払い下げを受けた。正名は幕末、薩摩藩の漢方医の7人兄姉の末っ子として生まれ、長崎で学び、坂本龍馬の密使となって薩長連合づくりに活躍、明治政府の第1回留学生としてフランスに7年勉学。帰国して農商務省次官にまでなるが、大臣と対立して下野、全国を回って産業団体を組織化する過程でこの払い下げを受けた。これによって産業を振興することを国から期待される先覚者だったのだ。正名は「前田一歩園」を設立して各地でいろいろな事業を始める。何事も最初の一歩が大事だということから「一歩」ということばが使われた。

正名は釧路で製紙工場開設に尽くし、阿寒湖近くで牧場のために伐採をした。しかしヨーロッパの先進国を知っている正名は、やがて気がつく。「阿寒の山は伐る山ではなく観る山とすべきだ」と。木を伐って財源にするのではなく森自体を観光資源にしようと考えた。この考えが阿寒観光の基礎となった。

阿寒湖温泉は1912（明治45）年に最初の旅館が開業、大正末期に釧路から、昭和初期に弟子屈から自動車が通れる道が開通、1934（昭和9）年に国立公園の指定を受ける。

これには植物学者の川上瀧彌が発見したマリモの存在が大きな役割を果たした。

前田家の二代目正次の妻、光子は宝塚歌劇団・雪組の娘役だったが、正次と結ばれて戦時中の1943（昭和18）年、初めて阿寒の地を踏んだ。このとき、旅館はわずか3軒だったというから阿寒湖温泉街が大きく発展したのは戦後のことである。前田光子はその後、亡くなった夫の意志を受け継いで森林を豊かにし、アイヌの人たちに土地を無償で提供した。これが北海道で一番大きなアイヌコタンに発展し観光のもう一つの柱となる。光子はまた前田一歩園を財団法人とするなど阿寒への貢献はいちじるしく、「阿寒の母」と呼ばれている。

阿寒湖温泉のアイヌコタン

前田一歩園財団は、ホテルからの地代と13か所ある泉源からの温泉料金を収入源にして、阿寒湖周辺と阿寒川周辺の森林の保全、いろいろな自然保護を進めている。人々が阿寒湖温泉に泊まることによって自動的に自然が守られている。こうした財団の活動は、代々

冬の雌阿寒岳（標高 1499m）3 月　双岳台より

雄阿寒岳（右）と雌阿寒岳（左）6月　双岳台より

雌阿寒岳山頂で見た昇る朝日　５月

引き継ぐ「前田家の財産は全て公共の財産とす」という考えに基づいている。
3600ヘクタールにおよぶ森林は11の区画に分けて手入れをしており、11年ごとに間伐など細かい愛情が注がれる。いまでも樹齢数百年の大木が多い森を、さらに原生に近い300年前の姿に戻そうという壮大な計画だ。

昭和33年頃

阿寒横断道路と永山在兼(ながやまありかね)

阿寒と摩周をつなぐ阿寒横断道路(国道241号線)の最高地点である双岳台は別名、「永山峠」とも呼ばれている。この道路を計画し建設に尽力した鹿児島出身の土木技師、永山在兼を称えての名前である。道路は難工事の末、1930(昭和5)年に開通した。横断道路があったからこそ1934(昭和9)年の阿寒国立公園が誕生したと言われている。この道路は永山在兼を抜きにしては語れない。
永山は東大土木工学科を卒業して、1915(大正

撮影　松葉末吉

4）年、当時は国の役所だった北海道庁に入り、3年後、29歳で釧路土木派出所長となる。当時は主な道でも馬車が通るのがやっと、けもの道の峠が多かった。そこで国は町村道でも国費で建設できるようにした。阿寒へは釧路からの道が1本通っているだけで、弟子屈との間は険しい山と谷、原生林が立ちふさがっていた。

弟子屈付近で、まず永山が作ったのが、山の上にある摩周湖への道、次いで美幌峠と屈斜路間、これは豪雨で弟子屈が孤立し、食料などの物資輸送が急務となった状況での仕事だった。また釧路の四代目幣舞（ぬさまい）橋、いまはロシアに占領されている国後島や択捉島の道路などを作ったあと、釧路在勤9年目の1928（昭和3）年、延長約40キロの阿寒横断道路の建設に取り掛かった。

当時はいまのような土木機械はなく、ツルハシとスコップ、土を運ぶモッコ、そしてダイナマイトだけだった。山の中腹に道路敷地を作るため発破をかけても岩石が全部深い谷底に崩れ落ちてしまう。クマも出没するため永山は猟銃をかついで監督にあたった。作業員に供給する水や食料は谷底から長いはしごを伝わって供給した。このため工事費用は予算を大きく上回った。道庁は「不生産道路」だとして、この道路建設に反対していたので、1930（昭和5）年10月の完成のあと、彼は旭川に転勤になった。ここで旭川のシンボル、旭橋を完成させているが、その後は左遷の道を歩む。そして1945（昭和20）年5月、アメリカの空襲を受けていた鹿児島市で56歳の生涯を閉じる。

完成した横断道路は、国が戦費優先で道路予算をつけなくなったため、最徐行でしか通れない所もある危険な道路だったが、戦後の1949（昭和24）年に大改修、1972年から冬の除雪、1975（昭和50）年に舗装が完成した。

生前あまり評価されなかった永山在兼だが、弟子屈町は観光発展の基礎を作ったとして横断道路の開通50年目にあたる昭和55年、弟子屈側（現在は旧道の入り口）に顕彰碑を建てるとともに、1983（昭和58）年に出身地の鹿児島県東市来町（現在は日置市）と姉妹提携して功績を称えている。

鹿児島では彼のような自分の生きる道に誇りと信念を持つ男を「ぼっけもん」と言って男の理想像としている。

マリモの伝説

昔、阿寒湖にペカンペ（ヒシの実。アイヌ語で「水の上の果実」）がたくさんあった。湖の神は湖を汚すのでペカンペを好まず、「お前達が湖にいると、それをとろうとして人間が多くなり、湖が乱れるから、出て行け」と言うことになった。我慢をして来たペカンペもとうとう冷酷な神の言葉に憤り、あたりにあった草をむしりとり、丸めて湖の中に投げ込んだ。それが今日のマリモである。（山本多助「阿寒の伝説」より）

マリモ

ボッケ

名所のひとつとなっている「ボッケ」（泥火山）とは、アイヌ語のポフケが訛ったもので「煮え立つ」と言う意味。泥沼の底から吹き上げる摂氏100度近いガスによって泥が押し上げられ、ぼこぼこと風船のように盛り上がる。ボッケ一帯は温泉が湧き出していて、冬はその水蒸気が見事な霧氷を作る。ボッケへは阿寒湖畔エコミュージアムセンターからすがすがしい森の中の小道を歩いて行くことができる。

ヒメマス

阿寒湖は日本のヒメマスのふるさとなのだが、そのことは意外と知られていない。ヒメマスは、サケ科の一種の湖沼残留型、海に下るとベニザケになる。30センチ前後が多いが、最大で50センチぐらいになり、サケ科の魚で一番おいしいとされる。北海道では「チップ」と呼ばれている。アメリカ、カナダ、カムチャッカ半島など寒い川や湖にいるが、明治になって、日本でもこの阿寒湖と隣の津別町のチミケップ湖にだけ生育していることがわかった。明治27年、阿寒湖のヒメマスの卵が道内の支笏湖(しこつこ)に移植されて、繁殖成功。支笏湖は移植卵の供給基地となって、その後、道内の洞爺湖、青森県の十和田湖、栃木県の中禅寺湖、箱根の芦ノ湖、山梨県の西湖、本栖湖、長野県の青木湖などに次々に移植された。十和田湖で和井内貞行が苦労を重ねてついに成功した話は昔の教科書にも載せられた。

ヒメマス釣り

オンネトー（水面は凍っている）左の山は雌阿寒岳、右は阿寒富士　12月

オンネトー

「オンネトー」はアイヌ語で「歳老いた大きな沼」という意味。雌阿寒岳の噴火で西のふもとの螺湾(らわん)川がせきとめられてできた湖だ。酸性で魚は住めない。湖の色がいろいろ変わるので、「五色沼」とも呼ばれている。太陽の光が斜めに射す午前中にコバルトブルーに染まることが多い。雌阿寒岳と阿寒富士を逆さに映し出し、秋の紅葉も美しく見逃せない。

オンネトーの南端から1・5キロ、アカエゾマツの林の中にある「湯の滝」は、行ってみる価値がある。落差30メートル、摂氏43度の温泉が流れ落ちているが、入浴は禁止されている。ここの岩は黒い。マンガン酸化物のせいだ。ここではマンガン酸化物が年間1トン、温泉から自然に生成されている。陸上では世界で唯一の場所。2000年9月に天然記念物に指定されている。

オンネトー　6月

オンネトー夏

水面に雌阿寒・雄阿寒が映っている

活火山　雌阿寒岳

雌阿寒岳は、阿寒摩周国立公園の中で一番標高が高く、いまも白い噴煙を上げている活火山。阿寒湖温泉街から南西に8キロ、釧路市と隣の十勝の足寄町にまたがっている。標高は1499メートル、あと1メートルで1500メートルと覚えやすい。深田久弥の「日本百名山」にも入っている。最近では2006年3月21日に小規模噴火があり、頂上への登山禁止と解除を繰り返している。気象庁の警戒レベルは普段は「1」。少し南に2番目に高い阿寒富士、標高1476メートルがそびえる。この阿寒富士、その名が示すとおり、美しい円錐形の山だ。二つの山は、阿寒湖の東に立つ雄阿寒岳より100メートル以上高く、この辺りでは群を抜いている。そして雌阿寒岳は阿寒富士など8つの火山で構成する成層火山群を形づくっている。雌阿寒岳の頂上は広い。直径1・1キロある大きな噴火口の中マチネシリ火口があり、底には雨水がたまった赤沼と青沼がある。ほかにも山頂付近と山麓にもいくつかの噴火口の跡がある。

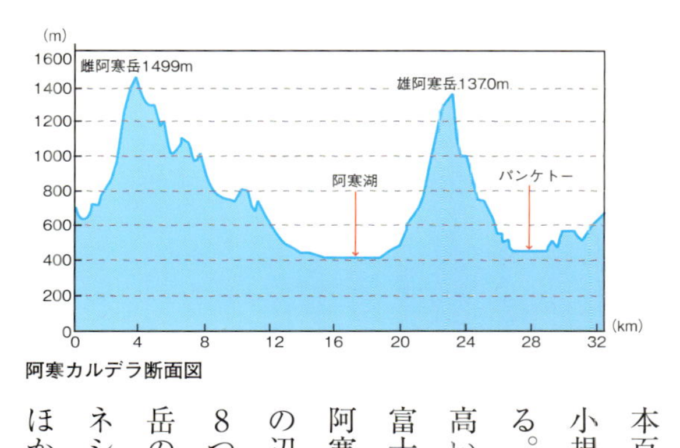

阿寒カルデラ断面図

硫黄の採掘

雌阿寒岳の硫黄採掘は、阿寒硫黄鉱山として戦後の昭和27年に始まった。掘り出した硫黄を5・8キロのロープウェーを使ってふもとまで降ろし、精錬して池北線の足寄駅からパルプや繊維工場に輸送した。国立公園の中だったため、自然保護か開発かで論議を呼び、政府から「例外中の例外」として認可された。採掘は登山が盛んな7月8月は休止するなどの条件がつけられた。原油から抜き出した安い硫黄が市場に出回るようになる昭和43年ごろから鉱山は休眠状態となり、精錬所も火事で焼失した。

雌阿寒岳山頂の一夜

1961（昭和36）年頃、私はまだ写真の撮り方も知らず、勘を便りに写真を撮っていた。毎年の誕生日には山に登ることにしていた。この年は雌阿寒岳と決めていた。少し肌寒い日だったと記憶している。翌日の朝日を撮るため夜は山泊まりになる。山頂付近を歩き回り、場所を見つけテントを張ると、簡単な夕食をすませてさっさと寝てしまった。寒くなって目が覚めるとまだ11時。思わぬ寒さが襲いかかってきた。まずいと思い、今度は眠らないように座ったまま体操をしたり、食べたり歌ったりして過ごした。5月の夜明けは早い。ふと気がつくと空が明るい。あわててテントを飛び出した。三脚を立てカメラを乗せた。当時のカメラには露出計はなかった。カメラが何だったかは忘れてしまった。フィルムはエクタクローム64、ブローニーフィルム一本だけだった。12枚しか撮れない。覚悟を決めて東の空を見るとうっすらと雲があり赤く染まっている。太陽が上がりそうだ。丁寧に1枚1枚撮りきった。後は現像上がりを楽しみにすればいい。仕事が終わればあと用はない。さっさと下山を始めた。途中まで来てやれやれと気がゆるんだとたん眠気に襲われた。次第に力が抜けてゆくのを感じながらフラフラ下り道を歩いていた。突然目の前に立ちふさがるものがいて、ふと目を上げると大きな雄鹿が道の真ん中にこちらを向いて立っている。距離は5メートルもない。カメラをそっと出して撮ろうとしたとたんくるりと向きを変え、トコトコその場で足踏みをすると、スパーッと全身を一直線にしてジャンプした。助走なしで7、8メートルは跳んだと思う。私

雌阿寒岳山頂

は興奮して見つめていた。次は熊でも出るかも知れないとカメラをしっかりと手に持って阿寒湖まで歩いたが、何も現れることはなかった。（藤）

シュンクシタカラ湖

シュンクシタカラ湖（パブリック・ドメイン）

雌阿寒岳から南に二つに分かれる尾根の東側伝いに約16キロ南の山麓、１９７０年代に人工衛星が未確認の湖を発見した。「シュンクシタカラ湖」である。周囲１・８キロ、水面標高４４５メートル、流出河川なし。地元の人は多分、存在を知っていたと思われるが、地図上の記載がなかった。日本で最後に見つかった湖とされている。それほどの秘境で、もちろんヒグマはいると思われるので、一人での行動は危険だ。

8 道東の魅力

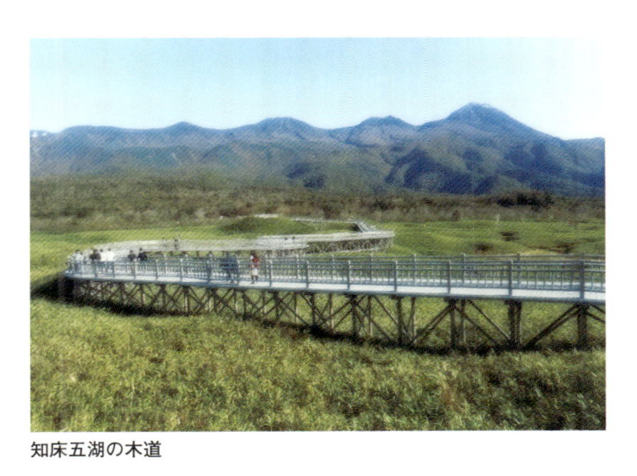
知床五湖の木道

自然あふれる道東〜自然公園の密集地〜

北海道東部＝道東の魅力をひと言で言うなら「自然」である。「大自然」と言ってもいい。実際、道東ほど自然公園が密集している所は日本にない（密集と言っても実際には広大な地域にわたっているのだが）。山、湖、海、そして平野には牧草地や畑が広がる。すべて絵になる風景だ。「道東」を、十勝を除いた釧路・根室・オホーツク東部に限ってみても、世界遺産知床、国立公園が阿寒摩周、知床、釧路湿原の三つ、国定公園が一つ＝網走国定公園、その下のランクとなる北海道立自然公園が三つある。道内の自然公園合計23か所のうち七つがこの地域に集まっている。さらにラムサール条約の登録湿地が、釧路湿原を含め、この地域に七つある。

まず「世界遺産知床」は、２００５（平成17）年に登録された。知床半島と周辺の海は、それ以前の１９６４年に国立公園に指定されていた。森繁久彌の「知床旅情」などで知床

道東のラムサール条約登録湿地

▲釧路湿原	釧路市・釧路町・標茶町・鶴居村	7863ヘクタール	1980年登録
▲霧多布湿原	浜中町	2504ヘクタール	1993年登録
▲厚岸湖・別寒辺牛湿原	厚岸町	5277ヘクタール	1993年登録
▲涛沸湖	網走市・小清水町	900ヘクタール	2005年登録
▲野付半島・野付湾	別海町・標津町	6053ヘクタール	2005年登録
▲阿寒湖	釧路市	1318ヘクタール	2005年登録
▲風蓮湖・春国岱	根室市・別海町	6139ヘクタール	2005年登録

道東の自然公園

1	世界遺産・知床（知床国立公園）
2	阿寒摩周国立公園
3	釧路湿原国立公園
4	網走国定公園
5	斜里岳道立自然公園
6	野付風蓮道立自然公園
7	厚岸道立自然公園
8	遠音別（オンネベツ）岳（斜里町・羅臼町，原生自然環境保全地域）
9	以久科海岸（斜里町、道自然環境保全地域）
10	尾幌（厚岸町、道自然環境保全地域）
11	落石岬（根室市、道自然環境保全地域）
12	ユルリ島（根室市、道自然環境保全地域）

ブームが起こり、全国から観光客が殺到したが、当時は横断道路や林道の建設、国有林の伐採が進められていた。しかし、国有林伐採計画の中止、公園内の岩尾別開拓地24戸の集団移転、その跡地の一人１００平方メートル買い取り運動、指定海域をそれまでの沿岸1キロ沖までを3キロ沖までに拡大した結果、世界遺産として認められた。

絶景の中でヒグマなど多くの野生動物が暮らし、海ではクジラが回遊し、アザラシの死体をオオワシがついばむ。

阿寒摩周国立公園と釧路湿原国立公園は水でつながっている。釧路川だけではない。釧路は「霧の街」と呼ばれる。濃い霧は春から夏にかけて釧路沖の太平洋で発生する。南からの暖かい黒潮と千島海流の冷たい親潮がここでぶつかると、空気中の水蒸気が冷やされて霧が生まれる。この霧は太平洋高気圧からの暖かい南風で内陸部深くまで運ばれて山野を潤し、80キロ離れた摩周湖にまで入り込む。摩周湖の滝霧だ。こうした海からの水分は、大気を通じて霧だけでなく、雨、雪、氷、さらには地下にしみとおって温泉にもなって内陸部に多量の水分をもたらす。これらの水は釧路湿原を通って再び太平洋に流れ込む壮大な水の循環となる。これらの自然現象はカムイ（アイヌ語で神の意味）のなせる業だとする考えから、阿寒と釧路湿原を抱える釧路市と摩周湖・屈斜路湖を持つ弟子屈町は、共同で「水のカムイ観光圏」を提唱して観光庁の認定を受け、観光客がこの地域に１泊だけでなく２泊以上するように水の七変化を観察する魅力的な観光地づくりを目指している。

次に、網走国定公園はオホーツク海に面した汽水湖の集まりだ。汽水湖とは湖の一部が海とつながっていて、海水が入り込んでいる湖のこと。淡水湖に比べて魚介類の成長はいちじるしい。知床側から涛沸湖、藻琴湖、網走湖、能取湖、サロマ湖と続く。サロマ湖が一番大きく日本３位の面積を誇る。この地域には能取岬、原生花園など見る所が多い。冬の流氷観光船と網走湖でのワカサギ釣り、博物館網走監獄、天都山の博物館群で流氷の妖精、クリオネを見ることができる。

北海道立の自然公園は、12あるうち道東に斜里岳（しゃりだけ）、野付風蓮（のつけふうれん）、厚岸（あっけし）の３つがある。

斜里岳は標高１５４７メートル、知床の山々の一番西側にそびえたつ均整のとれた山で日本百名山の一つ。冬、屈斜路湖からも見える真っ白な姿は神々しさが漂う。

野付風蓮道立自然公園は、根室海峡に鳥のくちばしのような細長い半島を突き出した野付半島と、根室市の汽水湖、風蓮湖の組み合わせ。

野付半島は全長28キロに及ぶ細長い半島。海流が作った砂嘴（さし）と呼ばれる地形は日本で一番長い。途中に朽ちた立木が根元を海水に浸しながら立っているトドワラ、ナラワラの異

道東にある「北海道遺産」

霧多布湿原（浜中町）
摩周湖（弟子屈町）
根釧台地の格子状防風林（別海町・中標津町）
野付半島と打瀬舟（別海町・標津町）
釧路集治監（標茶町）
国泰寺（厚岸町）
簡易軌道（鶴居村、標茶町、浜中町、別海町など）
千島桜（根室市）
このほかオホーツク海側に小清水と常呂の原生花園がある。

様な風景がある。半島先端付近には幕末、お役人らが対岸の国後島に渡るための船着き場と遊郭があったという。半島に囲まれた内湾の野付湾では、浅い海の藻の間に住むホッカイシマエビを捕る「打たせ船漁」が行われる。藻を傷つけないよう動力船は禁じられ、白い帆の帆かけ船だ。

一方の風蓮湖はここから30キロほど南の根室湾に面した汽水湖。冬には多くの種類の渡り鳥が羽根を休める。その数は２６０種ともいわれる。キアシシギ、オオハクチョウに混じってタンチョウもいる。

北側の細長く伸び別海町走古丹の半島にはハンターから逃れたエゾシカが数千頭集まって冬を過ごす。湖の海への出入り口をへだてた南側の半島は、根室市春国岱（しゅんくにたい）という別の名前。ここでは珍しい地形と植物体系が見られる。長さ8キロ、最大幅１・３キロの春国岱は3列の低い砂丘が並び、砂丘と砂丘の間が湿地になっている。外海側から砂浜、草原、アカエゾマツの原生林、湿原、湖となる。ハマナスの大群落があり、ホッキ貝やアサリの産地でもある。
厚岸道立自然公園は、厚岸町を中心に西側の釧路町、東側の浜中町を含んだ太平洋沿いの海岸段丘、海蝕崖、湖沼、湿原など変化に富んでいる。具体的には霧多布湿原、別寒辺牛湿原・厚岸湖、藻散布沼、火散布沼、大黒島、嶮暮帰島など。このうち別寒辺牛湿原はほとんど知られていない。北側が矢臼別演習場、東西から入る道は少なく、ヒグマが多いとされるが、ここほど自然が保たれた大きな湿原はない。しかし、そういった地理的条件に守られて訪れる人も少なく、まさに秘境である。
大黒島が見える厚岸町海岸台地のあやめが原、6月下旬、満開のあやめを見る人たちでにぎわう。青い海、断崖絶壁、放牧されている馬たちは草は食べるが、アヤメは食べない。観光客におねだりする馬もいる。夏は海霧に覆われることが多いが、冬は雪が少なく晴天が多い。海岸にほど近い嶮暮帰島は以前、ムツゴロウこと畑正憲さんが「動物王国」を開いていた島。周囲5キロで、いまは無人島、海鳥の繁殖地になっている。北海道は国定公園への昇格運動を繰り広げている。
次に原生自然環境保全地域の知床の遠音別岳は標高1331メートル、斜里町と羅臼町にまたがる1895ヘクタールで、原則立ち入り禁止の厳しい規制がとられている。

2つ下のランクの道自然環境保全地域を見てみよう。これは道東に4か所。まず斜里町の以久科（いくしな）海岸は、オホーツク海に面した砂丘で原生花園。オレンジの黄色い花のエゾスカシユリの群落がある。斜里の市街地の東3キロ、右手に知床連峰を望む雄大な景色。厚岸町の尾幌（おぼろ）は、シラカンバ（白樺）、トドマツなどの針葉樹と広葉樹の混合天然林。

厚岸あやめヶ原

根室市の落石岬は、根室半島付け根の太平洋側、断崖絶壁の岬の内陸部が台地、そこに130ヘクタールの湿地がある。サカイツツジなどの群落があり、アカエゾマツの林が湿地を取り囲んでいる。ここから少し東側、昆布盛海岸2・6キロ沖に浮かぶユルリ島は周囲7・8キロの無人島。中央部に40ヘクタールの湿原がある。クロマメノキ、ワタスゲなどの海岸草原だが、一年中馬が放牧されている。海鳥の繁殖地でもあり、幻の鳥、エトピリカが見られた島だ。

広大さを誇る道東、これらの公園や保全地域の間にはなだらかな牧草地や幾何学的な模様の畑、そしてそ

牧草ロール

れらを区切る碁盤目状の防風林が広がる。どこまでも続く一直線の道路、しかもアップダウンが連続する。のんびりと草をはむ牛たちと牧草地に転がる大きな牧草ロール。これらは北海道ならではの風景と言える。

こうした広大な北海道風景を一望する展望台がある。弟子屈町の９００草原、標茶町の多和平、中標津町の開陽台だ。晴れた日ははるか遠くまで見通せる。

もうひとつ穴場の宿がある。中標津町の養老牛温泉だ。ここに泊まると、餌付けしているシマフクロウが夜、渓谷に魚を求めて飛来してくる様子をそっと観察することができる。シマフクロウは絶滅危惧種に指定されていて、日本に１４０羽ぐらいしかいないとされている。

さらに明治からの発展の歴史の跡をしのぶ場所として別海町東部の国道２４３号線と国道２４４号線分岐点にある「奥行臼駅逓所」を訪ねるのはどうだろう。駅逓所は休憩所・宿、馬・馬車、郵便の拠点の役割を果たしていた。北海道内にはこうした駅逓所が明治から昭和初期にかけて600ほどあったが、現存するのは、ここと、クラーク博士の「Boys be ambitious!」で有名な札幌近郊の島松駅逓所の二つしかない。2011年に国指定の史跡に指定されている。

道東と文学

弟子屈には「原野の詩人」と呼ばれる更科源蔵(さらしなげんぞう)がいた。開拓農民やアイヌのことをうたった『北海道絵本』(正・続・続々)という小冊子は、北海道独特の文化を知るための格好のガイドブックとなっている。更科源蔵はアイヌ文化の研究家としても知られている。弟子屈町の釧路圏摩周観光文化センターには『熊牛原野』、『凍原の歌』などを収蔵した更科源蔵文学資料館がある。

阿寒湖畔の歌碑には、「神のごと　遠くすがたをあらはせる　阿寒の山の雪のあけぼの」と、阿寒をうたった石川啄木の歌が刻まれているが、その啄木の足跡を集めた赤レンガの建物「港文館」が、釧路の幣舞橋(ぬさまいばし)近くにある。啄木は明治41年、当時の釧路新聞社の記者として小樽から招かれたが、わずか76日間しか滞在しなかった。その時22歳、遊ぶことが多かったが、その毎日の様子が記録されている。また林芙美子の『摩周湖紀行』には、「さいはての駅に降り立ち雪あかり、淋しき町に歩ゆみ入りにき」と、啄木の詩を口ずさんで啄木の足跡を辿ったことが書かれている。昭和9年ごろの摩周湖、屈斜路湖など弟子屈町の様子がよくわかる作品だ。

また、室蘭生まれの作家、八木義徳には、故郷の大自然を訪ねる短編集『摩周湖』がある。その中で、摩周湖の色を「何という不思議な色だ、この色は！　奇怪なまでに濃いこの暗藍色！」と書いた。

さらに、釧路、幣舞橋を見下ろす幣舞公園と川湯温泉・足湯の近くには、原田康子の小説『挽歌』の石碑がある。「挽歌』は釧路で育った作者が、昭和31年、ガリ版刷りの同人誌「北海文学」に連載したところ中央文壇の目に留まり、たちまち大ベストセラーになった。映画に2回、TVドラマでは4回も扱われた。原田康子にはやはり釧路を舞台にした『海霧』がある。

同じく釧路育ちの直木賞作家、桜木紫乃も含めた釧路ゆかりの作家11人の資料を集めた「釧路文学館」が、釧路駅近くにオープンした釧路中央図書館の中に設けられている。

武田泰淳の『森と湖のまつり』、渡辺淳一の『廃礦にて』も道東を描いている。

また身近な野生動物とのふれあいを描いた畑正憲の『ムツゴロウの博物志』、竹田津実の『オホーツク12か月』なども、道東ならではの作品だ。
網走札幌間を石北線で移動する人には、途中の生田原（いくたはら）での途中下車をお勧めする。駅舎には図書館とともに「オホーツク文学館」が設けられている。

アイヌの神話

北海道の先住民族、アイヌの人たちは、伝承誌曲といわれる「ユーカラ」で道東の大自然を伝えてきた。アイヌの人たちは自然のすべてに神が宿っていると信じていた。でもその神は完全無欠ではなく、とても人間くさく、失敗もすれば、よくないこともして人間から叱られることもあった。またアイヌは周りの山を擬人化していた。
☆昔、摩周湖には巨大なアメマスが住んでいた。水を飲みに来たシカをひと呑みにしたが、シカの角が腹に刺さって死んでしまい、その死骸が外輪山外側の西別川源流部に湧き出す地下の水の流れを止め湖の水があふれそうになった。そこで人々がこの大アメマスの死骸を引き抜いたところ、下流に大洪水が起こり、山や丘がなくなって平坦な根釧原野ができた。
☆屈斜路湖にも巨大なアメマスがいて人々を苦しめていた。これを退治しようとした

アイヌ語の意味

イランカラプテ→こんにちは
イヤィライケレ→ありがとう
カムイ→神
アイヌ→人間
ワッカ→水、川
ペッ→川
ヌプリ→山
ピリカ→美しい
カムイヌプリ→摩周岳
チセ→家屋
ポロチセ→伝統家屋
コタン→集落
チャシ→砦
アシリチェプ→サケ
サロルンカムイ→タンチョウ
キムンカムイ→山の神→ヒグマ
コタンコロカムイ→シマフクロウ
レプンカムイ→シャチ
ユク→エゾシカ
チロンヌプ→キタキツネ
スマリ→キツネ
シタ→イヌ
チェプ→魚
イペ→食事
イオマンテ→熊送りの儀式
アトゥイ→海
モシリ→大地
チュプ→太陽、月
クンネチュプ→月
チプ→舟
ヌプ→野原
アペ→火
アマム→穀物
マキリ→小刀
シレトク→陸地の突き出た所→地の果て→知床
ハポ→やさしいお母さん
ミチ→父親
イリワク→兄弟
ニシパ→旦那、男性への敬称
ウタリ→仲間
インシャーラ→神の思し召しのままに
アットゥシ→オヒョウの木の皮で作った布、着物
ルイペ→ルイベ

神々も尾びれで叩いて殺してしまう。そこで登場したのがアイヌの英雄、オタスツゥンクル。巨大アメマスの目玉にモリを突き刺し、激しい格闘のあと、アメマスをそばの小山に綱でつないで一休みしていた。しかしアメマスが最後の力を振り絞って身をくねらせたため、その小山が湖の中に引きずり込まれて今の中島となり、アメマスも島の下敷きになったが、完全には死なずにときどき動くので、屈斜路湖では地震が起きている。

☆雄阿寒岳は摩周岳と夫婦だったが、いつの間にか近くの雌阿寒岳と仲良くなり、雌阿寒を妾にした。ある日、雄阿寒は東の方にある斜里岳と弓の技を競っていたところ、放った矢が摩周の太ももに当たってしまう。摩周は「妾を持ったので私は粗末にされる」と言って悲しみ、国後島まで行ってそこで落ち着いた。それがチャチャヌプリだ。

北海道の由来

「北海道」という名前の生みの親は松浦武四郎。1818（文政元）年、現在の三重県松坂市に生まれ、16歳から諸国を行脚して見聞を広めていた。蝦夷地（えぞち＝北海道）が国のために大切だと考え、28歳から41歳にかけて6回、蝦夷地を歩いて地形や地方の様子を見て回り、「久摺（くすり）日誌」など150冊に克明に記録した。ほぼ私費で北海道を3回探検した後、知識が幕府や明治新政府に認められ、官費でさらに3回北海道を歩いた。最後の旅では摩周湖や屈斜路湖、阿寒湖をアイヌの人たちの案内で調査した。1869（明治2）年、開拓判官として函館に赴任した際、「北加伊道」を提案、後にこれが「北海道」に修正された。またアイヌが呼ぶ地名を漢字に直し、釧路国、十勝国など11の国と86の郡の名前をつけた。「久摺日誌」の「久摺」は当時、「クスリ」と呼ばれていた釧路のこと。

道東の動物と植物

アニマルトラッキング

動物が雪の上を歩いた跡はとても面白い。小さなものならネズミの足跡。あるかないかギリギリのかすかな跡があり、どこから出てどこへ入ったかなど、森の中のドラマでこちらが踊らされる。エゾユキウサギとキタキツネが雪の上で競争したらどちらが早いか、また犬ならどうか。

ある日、愛犬の散歩に出かけた。農道からはるか遠くに、畑に1メートルほど積もった柔らかい雪の上をウサギが風のように走ってゆくのが見える。キタキツネが後を追う。足が雪に埋まり、のたのたという感じだ。

わが愛犬も追いかけようと思ったのか、いきなり農道から畑の雪の中へ飛び込んだ。とたんに姿が消えた。キツネが走っているのだから自分も走れると考えたのだろうか。すっ

キタキツネ

ぽりと埋まってしまい、あれれと思って見ているとそのまま動いてゆく。まさか雪の中をくぐって追いかけようとしているわけではあるまい、と見ていると動きが止った。今度は逆にこちらに向かってもこもこと雪の表面が動いてひょこりと顔を出した。

よいしょっ！　という感じで道路に出たが、私を見て照れ笑いをしているような様子に思わず吹き出してしまった。雪の上ではエゾユキウサギはキタキツネより速く、犬はまったく走れないことがはっきりしたのだった。（藤）

1. キタキツネは直線的に歩く。

2. こちらもキタキツネの足跡。

3. これもキタキツネの足跡だが、面白いかたちをしている。柔らかい雪の上を歩くと、その体重でわずかだが雪が締まる。その後、風が吹いて柔らかい部分を吹き飛ばしてしまうと締まった部分だけが残り、さらに風に乗って雪が降ると、風に向かって雪の帽子が伸びてゆくのだ。

4. これはキタキツネの足跡が固まった後にエゾユキウサギが新しく歩いたのであろう。

5. キタキツネの足跡による突起。

考察、雪の上の足跡

6. キタキツネが随分うろうろしたような様子が分かる。

7. 昨日も今日も獲物を探して、このあたりを歩き回っているようだ。

8. レリーフのようになっているが、間違いなくエゾリスの足跡で、数日前のものかもしれない。

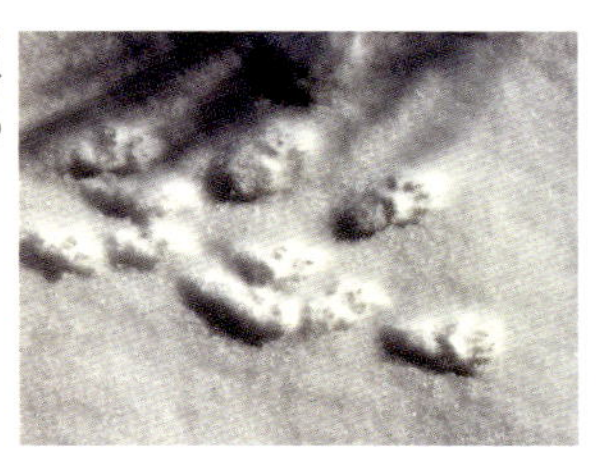

9. ヒグマが定期的に農作物を荒らしにくる。

カワユエンレイソウ

川湯温泉には「カワユエンレイソウ」という特有の遺伝子を持つエンレイソウがある。北海道各地や東北に分布するオオバナノエンレイソウ（北海道大学の校章にも使われている）は花が上向きに咲き、雄しべが雌しべよりも長い。葯（やく）*が、花糸の約3倍。これに対し、カワユエンレイソウの花は横向きに咲く。そして雄しべは、めしべより短く、葯は花糸の約2倍。秋の初めにはそばの実に似た形の実をつける。果実は昔は子どものおやつ代わりにもなった。

*雄しべの先端の花粉を出すところ

オオバナノエンレイソウ（左）とカワユエンレイソウ

アカエゾマツの純林

「阿寒摩周国立公園」には純林がとても多い。純林とは、ある1種類の樹木がその森のほとんどを占めている森のことだ。シラカンバ、ニレ、トドマツ、ハイマツ、アカエゾマツ、クロエゾマツ、ダケカンバ、イチイなど、環境に合った地域

川湯温泉のアカエゾマツ林

にうまく迎合したのであろうが、訪ねて歩くのも楽しい所である。なかでもアカエゾマツの純林は川湯温泉、雌阿寒岳山麓など、名が知られた場所があり、広大な純林を形成している。川湯温泉ではこのアカエゾマツの純林が温泉街のあちこちに見られ、また木の根元に咲く花たちも多い。4～50年前まではこんな道を通って温泉街へ行き来していた時代もあった。

あとがき

「阿寒摩周国立公園」誕生を機にこの本が企画され、川湯に住む二人が作業を始めた。藤泰人さんと二日市壮が、この本の文と写真の両方を手掛けたが、美しく大きな写真は藤さんの作品である。

屈斜路湖から流れ出す釧路川が原始の姿を残しているとしてその価値を認め、冒頭に入れることを決めたのが、国書刊行会の佐藤今朝夫社長。これにともなって釧路川の写真を多数提供してくださった吉田聡氏に心からの感謝を捧げたい。吉田氏は「屈斜路エコツアーズ」の名で厳冬期もカヌーの営業をしている。

かつてこの地には、レジャーランド、スキー場、遊覧船などもあり、ジャズフェスティバルも開かれた。それらは姿を消したが、豊かな自然はあふれている。この本が自然をこよなく愛する人たちに携行されることを期待したい。（二日市）

私の手元に「阿寒国立公園の三恩人」という阿寒国立公園50周年記念誌がある。初版は昭和59年10月13日、故種市佐改（たねいちさかい）氏によって著された。発行元は釧路観光連盟。2刷目は「阿寒国立公園広域観光協議会」が平成11年3月23日に、そのままの内容で再発行している。種市氏は、この釧路観光連盟事務局長として長く釧路地方の観光に携わった人間としての知識と人脈を駆使し心血を注いだ労作を作り上げた。「阿寒摩周国立公園史」のバイブルとも言うべきものと思う。

忘れてはならないもう一人の人物がいる。昭和初期、川湯周辺や自分の家族をていねいに撮り続け、開発期の川湯の貴重な記録をアルバムに残してくれた「松葉末吉」さんだ。川湯温泉と川湯駅とを結ぶ定期バスの運転手さんだったが、高級アマチュア写真家としてその質の高さと高品位故、今になってブレークし、移動写真展があちこちで開かれている。本誌にも一点掲載させていただいているが、山陰地方で活躍した植田正治氏の写風にも似て、見る者の気持ちを温かくし郷愁を呼び起こしてくれる。

本書の編集作業をしながら、多くの人々が人知れずに「阿寒摩周国立公園」の礎（いしずえ）となっていったことを感じ、硫黄鉱山、釧網線、国道391号線を見つめ直し、その功績とご苦労に頭（こうべ）を垂れるばかりだ。（藤）

阿寒摩周国立公園へのアクセス

▼空港

女満別空港　川湯温泉・摩周湖に一番近いが、この間の路線バスはない。川湯まで車で約1時間。阿寒湖温泉までは約1時間半、知床ウトロへは約2時間

釧路空港　釧路市中心部へ25分、阿寒湖温泉へは一番近く約50分。摩周湖・川湯までは約2時間

中標津空港　根室へ1時間、羅臼へ約50分、ウトロへ1時間半～2時間強、摩周湖・川湯へ約1時間50分、飛行機の便数が少ない。

▼鉄道

根室線釧路経由・釧網線は、釧路から摩周まで約1時間20分、川湯温泉まで約1時間半

石北線網走経由・釧網線は、網走から川湯温泉まで1時間40分～2時間、摩周まで2時間～2時間15分

▼道路

札幌・小樽・新千歳空港・苫小牧方面から道東道　本別ICからは無料の高規格道路（片側1車線、トンネル多し）となって阿寒ICで降りる。その先は工事中。国道240号線を北上、1時間弱で阿寒湖温泉へ。摩周湖・川湯へは鶴居経由、または釧路外環状道路釧路東で降り国道391号線を北上、2時間強。

▼フェリー

苫小牧港、小樽港、函館港、室蘭港発着の便を利用。

〈**参考資料**〉

国立環境研究所ウエブサイト、田中敦氏論文など
国立環境研究所地球環境研究センター　摩周湖のふしぎ
道東の自然を歩く　北大図書刊行会
北海道庁　北海道環境白書
北海道新聞の記事、昭和24・10・10、昭和56・2・10、昭和60・1・6、
平成9・4・19、平成15・4・3
更科源蔵　弟子屈町史
弟子屈町史第2巻、第3巻
石川孝織編著　阿寒国立公園と硫黄鉱山
弟子屈町商工会　弟子屈町商工のあゆみ
弟子屈町教育委員会　郷土学習シリーズ
阿寒国立公園広域観光協議会　永山在兼顕彰の碑建立記念誌
自然公園財団　パークガイド　阿寒・摩周
国土地理院ウエブサイト

著者略歴

二日市 壮（ふつかいち・そう）

1936年西宮市生まれ、法政大学社会学部卒。ＮＨＫ記者となり、公害などを取材。定年後、名古屋大、中京大講師を経て韓国へ。ＫＢＳ日本語放送中心に滞在12年。仁川大、韓国外大で日本語を教える。著書『明日を探る北海道農業』『韓国擁護論』（国書刊行会）。『京浜工業地帯』（共著、泰流社）。ビデオ『東海レールウォチング』（ＮＨＫサービスセンター）。

藤 泰人（ふじ・たいと）

1938年根室市生まれ。弟子屈町在住。写真家。1971年、『暮しの手帖』特集「雪と汽車と流氷と」でプロの写真家に転向。2003年NPO法人ましゅうの里代表 。2017年、弟子屈ロータリークラブ第7回「弟子屈賞」受賞。著書に写真集『カムイトー摩周湖』『オホーツク紀行』『KUSHIRO』など。

JASRAC 出 1814422-801 （「霧の摩周湖」P74）

原始河川（げんしかせん） 阿寒摩周の大自然（あかんましゅうのだいしぜん）

2019年 1 月 25 日初版第 1 刷発行

著　者　二日市 壮
　　　　藤 泰人
発行者　佐藤今朝夫
発行所　株式会社 国書刊行会
　　　　〒 174-0056 東京都板橋区志村 1-13-15
　　　　TEL 03 (5970) 7421　FAX 03 (5970) 7427
　　　　http://www.kokusho.co.jp
印　刷　株式会社シーフォース
製　本　株式会社ブックアート

ISBN 978-4-336-06277-2

弟子屈町「摩周湖ばん馬大会」

弟子屈町で、ばん馬競争が始まったのは昭和49年、第35回までは「馬事振興会」が、第36回から「摩周湖馬友の会」が引き継いで2017年で44回目になった。漢字はその意味をよく表しているが、引き馬のことで、昔、山で働いたり、畑で働いたりした馬のことを言う。丸太を積み込んだそり（橇）を引いたり、畑を耕したりと、人馬一体で大事な役目を担って北海道開拓に貢献してきた。しかし時代とともにトラクターなど機械力の方がより効率的であり、馬の出番がなくなっていった。馬好きたちは、何の役に立つ訳でもないのに、馬を飼い続け、いとおしんできた。そんな人たちが立ち上がって始めたのが、ばん馬競争だった。